中国茶道·礼仪之道

ZHONGGUO CHADAO·LIYI ZHI DAO

扫码看视频·轻松学茶道

朱海燕／著

中国农业出版社

北京

图书在版编目（CIP）数据

中国茶道·礼仪之道 / 朱海燕著. — 北京：中国
农业出版社，2019.4（2021.9重印）
（扫码看视频·轻松学茶道）
ISBN 978-7-109-25453-4

Ⅰ.①中… Ⅱ.①朱… Ⅲ.①茶道-中国 Ⅳ.
①TS971.21

中国版本图书馆CIP数据核字（2019）第073262号

中国农业出版社出版

（北京市朝阳区麦子店街18号楼）（邮政编码 100125）

责任编辑　郭晨茜　国圆　浮双双

北京通州皇家印刷厂印刷
新华书店北京发行所发行
2019年4月第1版
2021年9月北京第3次印刷

开本：700mm×1000mm　1/16
印张：15.25
字数：350千字
定价：69.00元

（凡本版图书出现印刷、装订错误，请向出版社发行部调换）

序

礼，中华民族之魂，仁义智信。

礼，中华民族之根，树大根深。

礼，中华民族之血，永葆青春。

春风十里不如礼！

《春秋说题辞》曰："礼者，体也。人情有哀乐，五行有兴灭，故立乡饮之礼，终始之哀，婚姻之宜，朝聘之表，尊卑有序，上下有体。王者行礼得天中和，礼得，则天下咸得厥宜。阴阳滋液万物，调四时，和动静，常用，不可须臾惰也。"

茶，南方之嘉木，清香素雅。

茶，人生之伴娱，男女皆益。

茶，传统之文化，温良恭俭。

人生百年不离茶！

《茶述》曰："茶，起于东晋，盛于今朝。其性精清，其味浩洁，其用涤烦，其功致和。参百品而不混，越众饮而独高。"

行茶为礼，见于汉；茶礼为典，始于唐。自《茶经》问世至今，茶器不断创新，茶仪气象万千，但万变不离茶之本性，"精俭"之道，更是始终维护中国传统文化"和"的核心价值观。

当下学习传统文化已成为潮流，越来越多的人选择学习茶礼叩开传统文化之门，希望通过茶礼来陶冶情操，修养身心，提升自我。当真正学习茶礼时，又往往被那些精细技法或必需的礼法所困扰，或因过度求于形式反被形式所累，从而半途而废。诚然"博学于文"难，但践行"约之以礼""日三省吾身"更难。我们不必为传统文化丰富的形式和博大精深的内涵而心生汪洋之叹，其实，它的指向极其简单直接，即所谓"大道至简"。

朱海燕教授用近二十年时间研究中国茶美学，对中国传统茶文化，尤其是茶礼有着深刻的领会和独到的见解。她凭专业的知识和丰富的经验，深入浅出地道出茶道之要义；她有着女性特有的细腻和娴熟如流的技巧，演绎出美轮美奂的茶礼佳境。《中国茶道·礼仪之道》在内容上为我们提供了认识传统文化的窗口，在行为上感知以它独特的、具有创造性的仪式感，为我们展现无穷的艺术魅力，丰富了我们的文化精神生活。在当下茶礼、茶艺百花争春、群芳斗艳的时代，朱海燕教授的茶礼、茶艺一定青出于蓝而胜于蓝。当茶礼普及之日，一定是范仲淹所期待的"长安酒价减百万，成都药市无光辉。不如仙山一啜好，泠然便欲乘风飞。"

习得本著，各有所益。品茶三境，乐在其中；

见茶只是茶：知茶懂礼，随安而遇，恬淡生活。茶友也。

见茶不是茶：宠茶重仪，百里挑一，追求极致。茶痴也。

见茶还是茶：重礼轻茶，崇俭尚德，物我两忘。茶人也。

若能如此，不负作者丹心一片，也不枉匹夫诚意推荐。

百川匹夫

己亥年春于北京

序（二）

正值党和国家倡导将中华优秀传统文化提升为"中华民族的基因"、"民族文化血脉"和"中华民族的精神命脉"之际，欣闻朱海燕教授在继《中国茶美学研究——唐宋茶美学思想与当代茶美学建设》《明清茶美学研究》《中国茶道》等专著后，又一力作《中国茶道·礼仪之道》即将付梓出版，该著作的出版发行，恰逢其时。

近二十年来，朱海燕教授潜心于茶文化研究，所涉范围甚广，所涉内容至深，学术成果斐然，是年轻一代茶文化学者的杰出代表。该著作从茶礼仪概述、茶礼仪演变、个人茶礼仪、社交茶礼仪、仪式茶礼仪、特色茶礼仪、茶礼仪走向世界等7个方面构建了茶礼仪的研究体系，不仅解析了传统茶礼仪文化，而且在充分展现传统文化内涵的基础上，与时俱进恰如其分地融入了新时代元素，提出了当代茶礼仪式设计方案，堪称"古为今用、洋为中用"的典范。尤其值得一提的是，通过茶礼仪的学习，不仅能增强文化自信，还能将优秀文化的传承落实于日常生活中。

国家主席习近平号召我们"把跨越时空、超越国度、富有永恒魅力、具有当代价值的文化精神弘扬起来，把继承优秀传统文化又弘扬时代精神、立足本国又面向世界的当代中国文化创新成果传播出去"。在此预祝朱海燕教授的《中国茶道·礼仪之道》能当此重任。

刘仲华

2019 年春于长沙

前 言 PREFACE

巍巍中华，礼仪天下！
国尚礼则国昌，家尚礼则家大，
身尚礼则身正，心尚礼则心泰。

众所周知，"知书达礼"是东方文明的审美标准，更是历代士绅官商与凡夫俗子竞相追求的理想人格。"有'礼'走遍天下"这一中华民族的智慧结晶，放之四海而皆准。

近年来，随着经济的腾飞，国家的繁荣富强，中国传统的礼仪文化正逐步被全世界人民所认同。"以茶为礼"是中华民族共同的文化符号，得到了上至国家领导、下至平民百姓的广泛应用，茶礼仪的规范与推广已成为时代所需。

献茶有礼，最早见于三国两晋时期，孙皓"以茶代酒"，陆纳"以茶待客"。茶为典章，自唐代陆羽撰写《茶经》为始，以茶为礼，成为华夏乃至全世界妇孺皆知的礼仪，且经久长盛。

本书通过茶礼仪概述、茶礼仪演变、个人茶礼仪、社交茶礼仪、仪式茶礼仪、特色茶礼仪、茶礼仪走向世界七个单元的教学内容的讲述，从传统礼仪的基本常识到茶礼仪的基本规范进行了系统的介绍。对与茶礼相关的茶叶、茶器、烹茶、仪容、言谈等提出了相应礼仪规范，同时对不同民族和不同地域以及不同文化的茶礼做了介绍，并选取"成人""婚嫁""寿辰"等代表性的仪式茶礼进行了创新性探索。

习茶以礼，既掌握了规范的沏茶技术，还能塑造良好形象；以礼修仁，既有助树立正确的人生价值观，还能增强文化自信。希望大家通过学习，不仅可以使自己在待客或做客时表现出彬彬有礼，同时也会对中国传统文化有一个更深的认知。

让我们携手：树立文化自信，收获和美人生！

朱海燕

2019 年 3 月

目 录 CONTENTS

序一
序二
前 言

第一章 茶礼仪概述 / 1

第一节 追寻礼仪 / 2

第二节 茶礼仪的特征与内涵 / 10

第三节 茶礼仪的分类与功能 / 19

拓展阅读：

朱子以茶论"理"明"礼" / 26

第二章 茶礼仪演变 / 27

第一节 茶礼仪的萌芽 / 28

第二节 茶礼仪立制 / 38

第三节 茶礼仪丰富 / 47

拓展阅读：

图腾 / 62

法门寺地宫出土的茶器 / 65

第三章 个人茶礼仪 / 71

第一节 仪容仪表规范 / 72

第二节 仪态举止规范 / 77

第三节 语言表达规范 / 86

第四节 茶事常用礼节 / 89

第四章 社交茶礼仪 / 95

第一节 准备礼仪 / 96

第二节 邀请与应邀礼仪 / 112

第三节 茶席礼仪 / 116

第四节 赠茶礼仪 / 125

拓展阅读：千里送鹅毛 / 132

第五章 仪式茶礼仪 / 133

第一节 中华仪式茶会设计原则 / 134

第二节 "成人茶礼"仪式设计 / 139

第三节 婚嫁茶礼仪 / 148

第四节 寿庆茶礼仪 / 155

拓展阅读：婚姻中的"六礼" / 162

第六章　特色茶礼仪／165

第一节　白族三道茶／168

第二节　藏族酥油茶／173

第三节　湖南擂茶／179

拓展阅读：擂茶起源的传说故事／185

第四节　茶亭礼俗／186

拓展阅读：民族茶俗茶礼／190

第七章　茶礼仪走向世界／195

第一节　日本茶道／197

第二节　韩国茶礼／206

第三节　英国下午茶／214

第四节　中华茶礼新篇章／221

结　语／229

主要参考文献／233

第一章　茶礼仪概述

人无礼则不生，事无礼则不成，国家无礼则不宁。

——《荀子·修身》

中国素有"文明古国、礼仪之邦"之称。在长期的历史发展中，礼作为中国社会的道德规范和生活准则，对中华民族精神素质的修养产生了无法估量的作用。国学大师钱穆精辟地概括："中国文化说到底是一个字，就是礼。礼是中国人一切行为的准则。"茶文化以其独特的魅力传承着中华民族的礼仪文化，以茶为礼堪称是"中华礼仪文明"的"活化石"。

当今，全面复兴传统文化成为时代的呼唤，中国茶承载华夏文明，化身为"和平、礼让、文明"的使者，正在走向世界。在此背景下，在汲取传统精华的基础上，推动中华茶礼仪的创新发展，已成为当务之急。

本章是中华茶礼仪的总纲和基本理论阐述，在追寻礼仪的起源与发展的基础上对茶礼仪的基本特征与内涵进行探讨，并阐述茶礼仪的分类与社会功能。

第一节　追寻礼仪

中国在五千年的历史演变过程中，不仅形成了一套宏大的礼仪思想和礼仪规范，而且其精髓深入人心，形成了完整的伦理道德、生活行为规范，进而内化为中华民族的自觉意识并贯穿于心理与行为活动之中。礼仪文化对整个中国社会历史的影响深远而广泛，中国亦因此被称为"礼仪之邦"，享誉海外。礼乐文明是中国文化的核心，学习中国礼仪文化，是准确把握中国传统文化精髓的重要途径。

一、礼是什么？

1. 礼是人类自别于禽兽的标志　人是从动物界脱胎而来的，人与动物有共性，也有区别。人们常常在思考：人与动物的区别究竟是什么？《礼记·冠义》言："凡人之所以为人者，礼义也。"对人之所以为人有了界定。而《礼记·曲礼》进一步阐述了人与动物的区别："鹦鹉能言，不离飞鸟。猩猩能言，不离禽兽。今人而无礼，虽能言，不亦禽兽之心乎？夫唯禽兽无礼，故父子聚麀。是故圣人作，为礼以教人，知自别于禽兽。"可见，人与动物的根本区别不在语言能力，而在是否知礼守礼。如"父子聚麀"，"麀"指的是雌鹿，即指动物不懂婚嫁之礼，父子合用一个性配偶，所以是禽兽。人类最初也没礼，在进入文明时代以后，才逐步制礼并不断完善，使得衣、食、行等皆有了礼的规范，而礼也成为与动物区别的标志。唐人孔颖达说："人能有礼，然后可异于禽兽也。"

2. 礼是国家典制 中国历代国家典礼都是按照以人法天的原则制定的。天子与北极天帝相对应，天乙所居在紫微垣，则天子所居称紫禁城。《周礼》设计出一套理想官制，设天地春夏秋冬六官，象征天地四方六合。六官各辖六十职，共计三百六十职，象征天地三百六十度。隋唐以后，这套制度成为历朝的官制模式。称职官制度为职官礼，称军政制度为军礼，甚至连营造法式，也因品阶官爵高下而异，处处包含等级制度，所以也是处处为礼。作为典章制度，它是社会政治制度的体现，是维护上层建筑以及

▶ 紫禁城

与之相适应的人与人交往中的礼节仪式。因此，在中国文化中，制定符合道德理性的国家典制称为"制礼作乐"，好的制度被破坏了称为"礼崩乐坏"。

3. 礼是天人关系哲学思想的体现 鲁哀公曾问孔子："君子何贵乎天道？"孔子答道："日月东西相从而不已也，是天道也；不闭其久，是天道也；无为而物成，是天道也；已成而明，是天道也。"日月笼罩大地，哺育万物，是人类的生命之源，它们昼夜交替，寒来暑往，具有不可逆转的力量。儒家看到了天地永不衰竭的生命力和创造力，宇宙永存，自然法则不可改变，是天然合理的。人类社会要与天地同在，就必须"因阴阳之大顺"，顺应自然规律，仿效自然法则才能生存。治国、修身之道只有与天道一致，才是万世之道，所谓"天不变，道亦不变"，说的就是这个道理。此外，在其他文献的记载中亦能感受到儒家对礼的认识。如：

夫礼必本于天，动而之地，列而之事，变而从事，协于分艺。

——《礼记·礼运》

礼者，天地之序也。

——《礼记·乐记》

《礼记·月令》中逐月记载着日月星辰的运行规律，气象与物候的变迁周期，动物与植物的成长过程以及社会生活的各种规范。

可见，儒家认为礼就是天道在人类社会的运用，在礼的设计上，处处依仿自然，使之处处与天道相符，由此取得形而上的根据。

4. 礼是社会一切活动的准则 儒家认为人的活动，应该符合于"德"，要体现"仁、义、文、行、忠、信"的要求。为此，根据德的行为要求，制定为一套规范，也称之为礼，如婚礼应该如何举行，丧服应该如何穿着，对父母应该如何服侍，对尊长如何称呼等。儒家将伦理道德归纳为一系列准则，认为是社会活动中最合理的原则，《礼记·仲尼燕居》说："礼也者，理也。"《礼记·乐记》说："礼也者，理之不可易者也。"

礼又是为政者不可须臾或缺的大经大法。《左传》隐公十一年："礼，经国家、定社稷、序民人、利后嗣者也。"《左传》僖公十一年："礼，国之干也。"《左传》襄公二十一年，叔向云："礼，政之舆也。"《左传》昭公十五年，叔向云："礼，王之大经也。"

礼又是君子的立身之本，《左传》成公十三年，孟献子云："礼，身之干也。"

在社会生活中，礼是衡量是非曲直的标准，是诸事之本。《礼记·曲礼》说："道德仁义，非礼不成。教训正俗，非礼不备。分争辨讼，非礼不决。君臣上下、父子兄弟，非礼不定，宦学事师，非礼不亲。班朝治军，莅官行法，非礼威严不行，祷祠祭祀，供给鬼神，非礼不诚不庄。"

道德为万事之本，仁义为群行之大，人要施行道德仁义四事，不用礼则无由得成。要通过教人师法、训说义理来端正其乡风民俗，不得其礼就不能备具。争讼之事，不用礼则难以决断。君臣、上下、父子、兄弟等的上下、先后之位，也必须根据礼才能确定。从师学习仕官与六艺之事，没有礼就不能亲近。上朝理事，整治军队，职官履事，施行法度，只有用礼才有威严可行。祷祠祭祀，供给鬼神，也只有依礼而行才能虔诚庄重。

5. 礼是人际交往的方式　在人际交往中，礼是"尊已敬人"的行为方式。具体而言，人与人交往，如何迎送，如何称呼，如何站立，如何宴饮等，都有相应的礼的规定。行合于礼，是有教养的表现，反之则不能登大雅之堂。甚至在双方并未见面，用书信交流时，也有特殊的礼貌用语。

礼义之始，在于正容体、齐颜色、顺辞令。

——《礼记·冠义》

居丧不言乐，祭事不言凶，公庭不言妇女。

——《礼记·曲礼》

"人无礼则不立，事无礼则不成，国无礼则不宁。"事业非礼不能兴旺，社会非礼不能安定，国家非礼不能强盛，礼的重要性非可寻常。

综上所言，礼仪的作用，从个人行为、人际交往、国家治理、道德规范无所不包。在长期的历史发展中，礼作为中国社会的道德规范和生活准则，对中华民族精神素质的修养起了重要作用；同时，随着社会的变革和发展，礼不断被赋予新的内容，不断地发生着改变和调整。而礼的内涵是如此丰富，无法用"一言以蔽之"的方式给"礼"下一个准确的定义。中国的"礼"，实际上是儒家文化体系的总称。

二、礼仪溯源

礼仪是人类社会发展到一定阶段才产生的，并且随着社会的发展而发展的道德准则和行为规范。"礼仪"是一个发展中的观念，是一个与时俱进的不断完善的体系，同时具有民族性、时代性和地方性。从历史发展的角度来看，其演变过程可以分为起源、形成、变革、强化、中西交融、全新发展6个阶段。

1. 礼仪的起源时期：夏代以前（公元前21世纪前） 在原始社会中、晚期（约旧石器时代）出现了早期礼仪的萌芽，整个原始社会是礼仪的萌芽时期。当时，生产力水平低下，先民们对风雨雷电等一系列无法解释的自然现象产生敬畏感时，产生了对自然的崇拜；当时人们对自身的梦幻现象无法解释，又产生"灵魂不死"的观念；对生育现象不能解释，进而产生对民族祖先的崇拜。于是，人们在敬畏大自然、崇拜祖先、祭天敬神中萌发出最原始的礼仪。

从整个人类社会礼仪来看，原始社会的礼仪最突出的特点就是简朴、虔诚。原始社会没有阶级、但有等级，这个时期的礼仪恰恰反映了民主、平等、等级的观念，对于教育社会成员、维护社会秩序、规范生产和生活起到了相当于法律的作用。

2. 礼仪的形成时期：夏、商、西周三代（公元前21世纪—前771年） 中国古代礼仪形成于"三皇五帝"时代。据记载，在尧舜时期，已经形成了一套较为完整的礼仪制度，唐尧、虞舜、夏禹他们本身都是讲究礼仪的典范，在《全相二十四孝诗选》中有一篇《孝感动天》，讲的就是虞舜孝心感动上天的故事。相传虞舜母亲早亡，继母生子名象。继母与弟象对舜心怀嫉恨。舜的父亲眼瞎，又不辨善恶，虐待舜。但舜却任劳任怨，供养父亲、继母和同父异母的弟弟。于是，舜的孝行感动了上天，每天舜在历山耕田种地时，有大象跑来替他拉犁，小鸟飞来为他播种，于是，后人作诗赞曰："队队春耕象，纷纷耘草禽。嗣尧登宝位，孝感动天心。"

尧、舜、禹时期初步形成的古代礼仪制度经过夏、商、周这三个奴隶制社会共一千余年的发展而日趋完善。在周代时期，代表人物周公旦，即周文王之子、周武王之弟，制礼作乐，并在朝廷设置礼官，专门掌管天下礼仪。在这个阶段，中国第一次形成了比较完整的国家礼仪与制度。周代的"三礼"，即《周礼》《仪礼》和《礼仪》，标志着周礼已达到系统、完备的阶段，并由原先祭祀天地祖先的形式跨入全面制约人的行为的领域。

3. 礼仪的变革时期：春秋战国时期（公元前771—前221年） 这一时期，学术界形成了百家争鸣的局面，以孔子、孟子、荀子为代表的诸子百家对礼教给予了研究和发展，对礼仪的起源、本质和功能进行了系统阐述，第一次在理论上全面而深刻地论述了社会等级秩序划分及其意义。

儒学的奠基人孔子对礼仪非常重视，把"礼"纳入自己的思想体系之中，把"礼"看成是治国、安邦、平定天下的基础。他认为"不学礼，无以立"，要求人们用礼的规范来约束自己的行为，倡导"仁者爱人"，强调人与人之间要有同情心，要相互关心，彼此尊重。孟子把"礼"看作是人的善性的发端之一；荀子把"礼"作为人生哲学思想的核心，把"礼"视为做人的根本目的和最高理想；管仲把"礼"看作是人生的指导思想和维持国家的第一支柱，认为"礼"关系到国家的生死存亡。孔子及儒家学派的政治思想和社会伦理思想都是以"礼"为内在依据和终极目标。"礼者，天地之序也。""礼也者，理之不可易者也。"（引自《礼记·乐记》）。以《礼记》的作者为代表的先秦儒家学者已经从形而上的高度论证了"礼"的至高无上的地位，认为"礼"有着与天道一样的形而上的本体地位，是天地间一切事物的关系和秩序的规范和准则。经过孔子及儒家学派的提炼和阐释，"礼"成为儒家学说的核心。其以"仁"为核心，以"和"为精髓的思想一直影响至今。

4. 礼仪的强化时期： 秦汉到清末（公元前221—1911年） 西汉思想家董仲舒（公元前179—前104年），把封建专制制度的理论系统化，提出"唯天子受命于天，天下受命于天子"的"天人感应"之说（引自《汉书·董仲舒传》）。他把儒家礼仪具体概况为"三纲五常"："三纲"即"君为臣纲，父为子纲，夫为妻纲"；"五常"即仁、义、礼、智、信。汉武帝刘彻采纳董仲舒的建议，确立了"罢黜百家，独尊儒术"的治国方略，礼仪作为社会道德、行为标准和精神支柱，其重要性被提升至前所未有的高度，具有了绝对的权威性。盛唐时期，《礼记》由"记"上升为"经"，成为"礼经"三书之一*。宋代时，出现了以儒家思想为基础、兼容道学、佛学思想的理学，程颢、程颐兄弟和朱熹为主要代表。当时，家庭礼仪研究亦硕果累累。明代时，交友之礼更加完善，而忠、孝、节、义等礼仪日趋繁多。自西汉后约两千年的封建社会中，"礼"便成为中国传统文化的突出表

▶ 董仲舒画像

*"礼经"三书包括《礼记》《周礼》《仪礼》。

征，"礼"既是和谐政治的理想形态，同时也是实现和谐政治格局的手段，并一直作为一种规范，一种社会控制的手段，一种对秩序和对修养与文明的追求，而对整个中国历史、文化的发展产生了广泛、持久和深刻的影响。可以说，中国传统文化的整体特征就是儒家所倡导的"礼"，"礼"是中国传统文化有别于西方文化的特质。1983年著名历史学家钱穆先生接见美国学者邓尔麟时精辟地概括："中国文化的特质是礼，它是整个中国人的一切习俗行为的准则，标志着中国的特殊性。"

5. 礼仪的中西交融：辛亥革命至中华人民共和国成立前（1911—1949年） 辛亥革命以后，受西方资产阶级"自由、平等、民主、博爱"等思想的影响，中国的传统礼仪规范、制度，受到强烈冲击。一方面，中国封建礼制面临着"礼崩乐碎"；另一方面，由于中国传统文化博大精深，资本主义礼仪规范只能部分地为中国人民所接受。在一定范围和一定层次上的融合，使这一时期的中国礼仪成为中西交融的局面。这种交融为中国传统礼仪注入新的生机，符合时代要求的礼仪被继承、完善、流传，那些繁文缛节逐渐被抛弃，同时接受了一些国际上通用的礼仪形式。客观上促进了世界各国礼仪道德文化之间的交流和相互取长补短。

6. 礼仪的全新发展时期：中华人民共和国成立后（1949年—） 中华人民共和国成立后，逐渐确立以平等相处、友好往来、相互帮助、团结友爱为主要原则的具有中国特色的新型社会关系和人际关系。1978年党的十一届三中全会以来，中国的礼仪建设进入新的全面复兴时期。从推行文明礼貌用语到积极树立行业新风，《公共关系报》《现代交际》等一批涉及礼仪的报刊应运而出，《中国应用礼仪大全》《称谓大辞典》《外国习俗与礼仪》等介绍研究礼仪的图书、辞典、教材不断问世。许多礼仪从内容到形式都在不断变革，礼仪文化进入了全新的发展时期。各行各业的礼仪规范纷纷出台，礼仪讲座、礼仪培训日趋红火，学礼、达礼蔚然成风，广阔

▶ 礼仪培训（一）

▶ 礼仪培训（二）

的华夏大地上再度兴起礼仪文化热。随着社会的进步、科技的发展和国际交往的增多，"礼仪之邦"将在世界平台彰显时代的风采。

茶礼仪是茶与礼仪的结合，是在"礼"文化的渗透和主导下，在满足口腹之欲的基础上，赋予茶超乎具体物质享受以外的精神内涵，从而拓展了饮茶活动的社会价值和功能。伴随着茶从祭品到贡品到成为中国人生活中不可或缺的日常饮品，饮茶礼仪也逐步渗透到中华大地各阶层、各民族的各个生活领域，成为全社会的一种风俗行为，由此衍生出多姿多彩的民俗大观园。与此同时，在当代国际交往的舞台上，茶依然是"礼仪之邦"的"名片"，架起了中国沟通世界的桥梁。

第二节　茶礼仪的特征与内涵

在中国茶文化哲学体系中，"和谐"是茶文化的核心思想，"礼仪"是茶文化的基石，"尚美"是茶文化的精华，"俭德"是茶文化的情操。任何建筑，如果没有深厚的基础，就不可能有健康持续的发展，更不可能有丰硕的成果。正是由于茶礼仪的存在，才使得茶文化根深叶茂，如此博大精深、鲜活多彩。茶礼仪脱胎于中国传统文化，因此，这些礼仪不可避免地带有中国传统文化的烙印。这也决定了中国茶礼仪具有鲜明的特征和丰富的文化内涵。

一、茶礼仪的特征

《中国茶叶词典》里"茶礼仪"[tea courtesy]：指敬茶的礼节仪式。可分为宫廷茶仪、宗教茶仪、家庭茶仪、敬宾茶仪、婚礼茶仪等多种类型。宫廷茶仪常用于迎送使臣宾客、表彰庆典等，又称赐茶。所用茶具华贵，以金银制作；品茶讲究"精茶"，采用"真水"；茶仪注重身份贵贱，仪式森严。清代各级官府和官吏，或向属下索取，或向上层致送，奉献茶叶亦称茶仪。茶与道、佛等宗教活动结合形成宗教茶仪，两晋、南北朝时已很普遍。中国的饮茶与民间风习融合形成茶礼，常见于婚丧祀和社交应酬活动。中国是多民族国家，各民族风俗习惯不同，礼仪内容也有所差异。

简而言之，茶礼仪是在茶事活动中形成的，并得到共同认可的一种礼节、礼貌和仪式，是对进行茶事活动中所形成的一定的礼仪关系的概括和反映。茶礼仪具有规范性、操作性、差异性、继承性、传播性和自发性等所有礼仪都具备的共性。同时，由于其脱胎于中国传统文化，融入了儒、释、道等思想精华，还具有自己的个性，尤以"敬、净、静、精、雅"独具特色，充分彰显华夏礼仪风采，在此作为重点讲述。

1. 敬 "敬"是礼的核心。《孝经》说："礼者，敬而已矣。"礼，无非就是为了表达敬意。人与人互相尊重，才能形成和谐关系。这种尊重，需要通过语言、肢体动作表达出来，让对方感受到，这种友好的互动方式就是礼。《礼记·曲礼上》说："夫礼者，自卑而尊人"，《左传·襄公十三年》记："君子曰：让，礼之主也。"都表达了同样的意思，即以礼相待就是以恭敬谦让的方式与人交往，这样人与人之间才能和平共处、互敬友爱。

礼仪是人们在各种社会交往中，为了相互尊重，在仪表、仪态、仪式、仪容、言谈举止等方面约定俗成、共同认可的规范和程序。礼仪有两个要素，一个是形式，表达敬意的方式；另一个是表达敬意的内核。也许有人认为只要内心足够诚敬，就不需要那些虚头巴脑的外在形式。殊不知，没有外在形式，内涵就没法表达。例如：老师来家访，学生头都不抬地玩手机，说这位先生很尊重老师，谁会相信？可见，如果没有形式，内核就成了游魂，没有地方可以安顿。相反，如果没有内核，形式就成了没有生命的装饰，所以两者都不可或缺。以茶敬客之所以能成为华夏民族最普遍的礼仪，正是基于"奉茶—请茶—承杯—致谢"这一形式简单而不失敬意的良好互动过程。尤为重要的是，茶事活动中，礼的表达"心诚则灵"，如果过于随意、散漫，心不敬、意不诚，则必然难以达到预想的效果。

2. 净 首先是因"茶性俭"，"净"是茶事活动中的基本要求。家里来了客人，茶器、酒器事先都要清洗干净的。给客人沏茶时，还要当面再洁杯净具，以示郑重。其二，"净"是表达敬重、诚挚情感的要素。人们去见尊贵的客人，往往都要沐洗干净。历史上，王公贵族在举行重大庆典或祭祀活动时，都必须斋戒、沐浴，以示敬重。唐代政令还明文规定，官员每10天都要沐浴一次。其三，"净"意味着茶道是一项追求清纯、洁净的事业，必须以敬重、认真、诚恳的态度去实践。饮茶者清，事茶者洁。清即清洁，有时也指整齐，是文人雅士所推崇的修养要素。

同样以"净"为美，中国茶道崇尚"洁净"的意境，日本茶道则追求"清净"的心境。日本茶道经典《南方录》中说："茶道的目的就是要在茅舍茶室中实现清净无垢的净土，创造出一个理想的社会。"因此，在被称为"露地"的茶庭里，茶人们要随时泼洒清水；在迎接贵客之前，茶人们要用抹布擦净

茶庭里的树叶和石头；茶室里不用说是一尘不染的，连烧水用的炭都被提前一天洗去了浮尘。茶品要干净，茶器要干净，饮茶环境要干净，不仅室内，就是庭外也需要打扫得很干净，茶道研习者就是这样通过一丝不苟地去除身外的污浊来达到内心的清净，这是茶道礼仪的基本要求。

3. 静 安静有助自省，噪音有碍健康。赵佶在《大观茶论》说茶"祛襟涤滞，致清导和""冲淡闲洁，韵高致静。""清静"，由清而静，正是茶人净化心灵的方式。朱权《茶谱》又记："或会于泉石之间，或处于松竹之下，或对皓月清风，或坐明窗静牖乃与客清谈欺话，探虚玄而参造化，清心神而出尘表……主起，举瓯奉客曰：'为君以泻清臆。'客起接，举瓯曰：'非此不足以破孤闷。'乃复坐。饮毕。童子接瓯而退。话久情长，礼陈再三，遂出琴棋。" 由此可知，茶饮具有清新、雅逸、幽静的特性，茶能洗净尘心、能致清导和。在茶礼仪中，为表达敬意，沏茶时，从洗杯到烫壶、冲茶、斟茶，一道道程序需要主人平心静气，气定神闲，以让客人达到舒心惬意，亦能体现主人的修养。人们常说"茶须静品""静能生慧"，在茶馆中，保持环境安静既是一种礼貌修养，也是体悟茶道的基本要求。

4. 精 "精"既是事茶过程中的技术规范，也是表达礼敬的方式。陆羽在《茶经》中首次以"精"规范了茶道技术规范："茶性俭，为饮最宜精，行俭德之人。"一个"精"字始终贯穿从栽培环境到饮用方法，从种茶、采茶、制茶到煮茶、饮茶、藏茶，所有的茶事环节都从细节上加以辨析或解释，精益求精。以茶待客时，精选茶器、细烹清泉、轻旋注水、低腕斟茶……每一处精心皆能让礼敬之意不言而喻。"茶之为物至精"，豪华奢侈、粗率轻随，皆非茶道。俭而不精，则无茶道。俭从精出，方是茶道之俭的真精神。唯俭，方有道德；唯精，方见精神。

5. 雅 在中国语言里，文明与文雅，可以说就是一个词。文明人一定举止有度，进退从容，谈吐文雅，就是《论语》里说的"文质彬彬"。在中国历代有关礼的文献的表述中，"雅"是以"礼"为衡量标准的。

王者之制：道不过三代，法不贰后王。道过三代谓之荡，法贰后王谓之不雅……声，则凡非雅声者举废……是王者之制也。

——《荀子·王制》

容貌、态度、进退、趋行，由礼则雅，不由礼则夷固僻违，庸众而野。

——《荀子·修身》

合乎礼是名为"雅"；情趣高尚、超凡脱俗、意趣深远都是"雅"；富贵不矜、贫贱不卑、出淤泥不染谓"高雅"。茶礼仪中，"雅"既是行为举止要求，也是语言表达要求。从茶名到沏茶的各道程序，皆喻以美名，从称呼到辞别，皆以礼敬之语。

二、茶礼仪的内涵

"礼之用，和为贵"，中华茶礼仪在形成和发展中，融会了儒家、道家、佛家的哲学思想，承载着中国传统文化"好客修睦""仁爱孝悌""自谦敬人"等思想精华，形成了以"和乐"为核心的文化内涵。

寻常百姓家，以茶礼示恭敬之心；宫廷中，以茶礼顺君臣之序；婚嫁中，以茶礼寓坚贞之情……纵观茶礼仪在各种场所的运用，无一不折射出其"和乐"文化的价值与内涵。

1. 以茶敬客："亲朋"和乐　中国茶以及茶礼仪都是中国待客之道中重要的组成部分，而一杯好茶与正确的茶礼仪就能够让人与人之间实现和谐。中国传统的待客之"礼"，强调以内在的仁、敬、诚、让为质实，行为上以遵循一定的仪节为表征，以构建一种"和乐"的人际关系。"来客不筛茶，不是好人家"。尽管不同地区的茶礼仪形态万千，如湖南岳阳的"姜盐豆子茶"、四川的"盖碗茶"、闽南的"工夫茶"、白族"一苦二甜三回味"的三道茶、藏族"香甜可口"的酥油茶、蒙古族"奶香四溢"的咸奶茶，千姿百态的茶礼仪表现形式不一而足。但其文化本质和内涵是永恒不变的，那就是以茶表礼敬，以茶诉真情，南宋诗人杜耒（lěi）《寒夜》诗云："寒夜客来茶当酒，竹炉汤沸火初红。寻常一样窗前月，才有梅花便不同。"一杯茶不仅体现出了主人对客人的敬意，主与宾之间所构建的和乐融融的友谊亦让人感同身受。由此可见，中国茶礼仪在构建人际和谐关系方面的功能已经十分明显，而这种功能也正是中国传统文化中"和乐"思想的重要体现，也是茶礼仪一直流传至今的根本原因。

▶ 以茶敬客

2. 宫廷茶礼："君臣"和乐　如果说百姓日常生活中待客茶礼是实现"平等和乐"的途径，那么宫廷茶礼仪则是感染了茶的清廉与和美，将君上臣下的等级关系转化为一种相对融和，甚至具有一定审美艺术感的形式，从而实现君臣之间的"相对和乐"。

皇帝赐茶嘉奖臣子，是常见的宫廷礼仪。

宋代王禹偁（954—1001年）诗作《龙凤茶》为证："样标龙凤号题新，赐得还因作近臣。烹处岂期商岭外，碾时空想建溪春。香于九畹芳兰气，圆如三秋皓月轮。爱惜不尝惟恐尽，除将供养白头亲。"又有梅尧臣（1002—1060年）《七宝茶》诗云："啜之始觉君恩重，休作寻常一等夸。"

皇帝的赐茶不敢视为等闲。大臣们领到这种赐茶，还要上表谢恩，这亦是礼仪之需，也能进一步表达对君主的感激与忠心。

唐代诗豪刘禹锡（772—842年）曾为御史中丞武元衡代写谢表——《代武中丞谢新茶表》，文曰："臣某言：中使窦国安奉宣圣旨，赐臣新茶一斤。猥（wěi）降王人，光临私室。恭承庆锡，跪启缄封。臣某中谢。伏以方隅入贡，采撷至珍。自远爱来，以新为贵。捧而观妙，饮以涤烦。顾兰露而惭芳，岂蔗浆而齐味。既荣凡口，倍切丹心。臣无任欢跃感恩之至。"

朝廷赐茶有一定仪规，非交给完事不可。由谢茶表可知：皇上派太监窦国宴宣旨，武中丞跪接，启封，然后谢恩。武中丞还觉谢得不够，又请大文人刘禹锡撰写同样谢表，还自己亲笔写了一篇《谢赐新火及新茶表》云："慈泽曲临，恩波下浃，光烛闾里，荣加贱微，惊欢失图，荷戴无力……惟当焚灼丹诚，激励愚鲁。"武元衡获茶两斤，区区小数，竟一谢再谢，受宠若惊，恨不得以死图报君恩。这说明赐茶为宫廷大礼，非皇帝宠幸者难获此殊荣。

赐茶的形式分直接赐干茶或茶汤。

鄂尔泰、张廷玉等奉敕编纂的《国朝宫史》记载了清乾隆二十五年正月初九、初十召见安集延额尔德尼、伯克拨达山汗、素尔坦沙等陪臣的过程，其中记录了皇帝与众大臣在宫殿中赐茶、饮茶的礼节：

传旨召见王公……理藩院尚书引入殿西门於班末一叩，坐。赐茶：尚茶以茶案由中道进至檐下，进茶大臣恭进皇帝茶，王公以下暨陪臣咸行一叩礼，侍卫等分赐茶，各於坐行一叩礼，饮讫复叩坐如初。

君臣见面一如民间主客相见，以茶招待，但却是赏赐和被赐的尊卑关系、皇帝是茶礼的中心人物，敬茶变为赐茶，还要按官阶等级分赐，饮用时皇帝先请，臣子要叩谢圣恩后饮用。小小的君臣茶礼，在皇帝制度的渗透下俨然成为表现朝廷尊卑秩序的神圣仪式。

　　一来通过赐茶或茶宴的举行，皇帝与臣子们在一种相对融合的氛围中，进行情感微妙的沟通交流，构建和谐的君臣关系；二来，这对于被赏赐的官员来说象征皇帝对他们一片忠心的肯定与欣赏，是一种莫大的荣耀与感动，为报答皇恩浩荡，臣子们当以加倍感恩和忠诚来保家卫国。皇帝与臣子的茶宴拓展了茶饮的文化内涵，赋予茶礼仪更高的使命和责任。

　　3. 以茶婚嫁："亲族"和乐　婚礼是人生中最重要的礼节之一，因为这一礼仪标志一对男女将合法组成一个新的家庭，共同担负建设家庭的义务和履行社会的责任。中国古代结婚礼大致可分为婚前礼、正婚礼、婚后礼三部分，仪式中的"纳采、问名、纳吉、纳征、请期、亲迎"被称为"六礼"。

▶ 婚礼中的敬茶礼

"三茶六礼"是古代婚姻各种仪式的总称,寓意明媒正娶,语见清代李渔《蜃中楼·姻阻》:"他又不曾三茶六礼,行到我家来。"

"三茶"是伴随"六礼"的三次敬茶礼,简单、欢乐而慎重的仪式之中体现着人与人之间亲疏远近、身份秩序的相互认可与融和。"一茶"为"求婚时敬甜茶",即当男家客人入座后,待嫁女儿奉上甜茶(一般是茶叶加上冰糖或金橘等冲泡而成),按辈分、年龄、先男后女的次序敬茶,这一次敬茶的举止相当重要,如有失礼或不当,则可能婚事告吹;"二茶"是"结婚时请喝茶",即婚礼当日新娘对前来祝贺的男方家的亲朋好友敬甜茶,受茶者祝福新郎新娘财丁两旺;"三茶"是最隆重的"公婆前新娘拜茶",即新郎新娘举行拜堂仪式后,新娘向公婆或长辈敬甜茶,而这时公婆或长辈一般以贵重的金银珠宝回礼以示隆重。

古人认为茶具有"移植不生、结籽多丰、四季常青"的特性,完美表达了人们对美满婚姻"从一而终""儿孙满堂""白头偕老"等愿景,所以茶是婚嫁礼仪中朴素而寓意丰富的信物。"吃茶"即是"定亲",订婚定金称为"茶金",聘礼称为"茶礼",闹新房喝"合合茶",敬长辈需"拜茶""跪茶"等,茶贯穿了恋爱、定亲及嫁娶的全过程,成了婚恋中必不可少的媒介。人们通过"敬茶"的方式构建亲族之间的"和乐"关系。

作为制度规范的传统礼制虽然不再,但以"和"为精神追求的茶文化却一直以礼仪、礼俗等形式依旧延续在国人的日常生活和行为规范之中。在物质生活空前富足的当代,传统的礼仪似乎成为古老的故事。庆幸的是,茶文化用其独特的魅力传承着中华民族的礼仪文化,发挥着礼仪的神奇功效。更为可贵的是,茶礼仪是至今为止还未受到西方文化侵蚀的中国传统文化,堪称是"中华礼仪文明"的"活化石"。

以茶为礼不仅实践了中国数千年以"和乐"为核心的中华优秀传统文化,且随着茶的对外传播,中国传统文化对世界文明亦产生了深远的影响。

2017年5月18日，主题为"品茗千年，中国好茶"的首届中国国际茶叶博览会在杭州开幕，中共中央总书记、国家主席习近平致贺信，对博览会的举行表示祝贺。同时指出，中国是茶的故乡。茶叶深深融入中国人的生活，成为传承中华文化的重要载体。从古代丝绸之路、茶马古道、茶船古道，到今天丝绸之路经济带、21世纪海上丝绸之路，茶穿越历史、跨越国界，深受世界各国人民喜爱。

2017年11月30日至12月3日，中国共产党与世界政党高层对话会在北京举办，以"茶"为主要创意元素，巧借以茶会友、品茶论道、礼让和乐的中国传统文化，寓意中国共产党邀请世界政党共议构建人类命运共同体的政党责任，描绘共同建设美好世界的宏伟蓝图，这正是茶礼仪"和乐"内涵的生动呈现。

第三节　茶礼仪的分类与功能

一、古代礼仪的分类

在古代中国，礼深入到社会的每一个层面，因而礼的名目极为烦冗，《中庸》有"礼仪三百，威仪三千"之说。为了使用与研究的方便，需要提纲挈领，对纷繁的礼仪进行归类。《尚书·虞书·舜典》说舜帝到东方巡视，到达泰山时接受了东方诸侯君长的朝见，并"修五礼、五玉、三帛、二生、一死贽"。《尚书·虞书·皋陶谟》也有"天秩有礼，自我五礼有庸哉"的话，但都没有说是哪五礼。《周礼·春官宗伯·大宗伯》将五礼坐实为吉礼、凶礼、宾礼、军礼、嘉礼。由于《周礼》在汉代已取得权威地位，所以其五礼分类法为社会普遍接受，后世修订礼典，大体都依吉、凶、军、宾、嘉五礼为纲，对历代礼制有着深远的影响。如北宋礼典称《政和五礼新仪》，朝鲜王朝礼典也称为《国朝五礼仪》。

吉礼：古人祭祀为求吉祥，故称吉礼。《周礼·春官·大宗伯》："以吉礼祀鬼、神、祇"。《周礼·春官宗伯·大宗伯》："以吉礼事邦国之鬼神"。吉礼是五礼之冠，主要是对人鬼、天神、地祇的祭祀典礼。

凶礼：哀悯吊唁忧患之礼。《周礼·春官·大宗伯》："以凶礼哀邦国之忧"。《周礼·春官宗伯·大宗伯》中凶礼的内容有：以丧礼哀死亡，以荒礼哀凶札，以吊礼哀祸灾，以禬（guì）礼哀围败，以恤礼哀寇乱。

军礼：师旅操演、征伐之礼。《周礼·春官·大宗伯》《周礼·春官宗伯·大宗伯》中的军礼包括大师之礼、大均之礼、大田之礼、大役之礼、大封之礼。

宾礼：《周礼·春官·大宗伯》《周礼·春官宗伯·大宗伯》："以宾礼亲邦国"。宾礼是天子、诸候接待宾客之礼。包括朝礼、相见礼、藩王来朝礼。

嘉礼：《周礼·春官·大宗伯》《周礼·春官宗伯·大宗伯》："以嘉礼亲万民"。嘉礼是和合人际关系、沟通、联络感情的礼仪。嘉礼是按照人心之所善者制定的礼仪，故称嘉礼。嘉礼主要内容有：饮食之礼、婚冠之礼、宾射之礼、飨燕之礼、脤膰（shèn fán）之礼、贺庆之礼。

二、茶礼仪的分类

自中国有礼制以来，茶就出现在吉礼、凶礼、军礼、宾礼、嘉礼之中。直到唐代，茶礼才得以立制。如前所述，茶礼仪是在茶事活动中形成的，并得到共同认可的一种礼节、礼貌和仪式。但在不同时代、不同地域、不同民族、不同阶层、不同文化背景下，茶礼仪又有着不同的形式与内容。茶礼仪如何来分类？迄今为止，还未见系统的分类方法。因为茶礼仪在中国人生活中极为常见，运用十分广泛，其分类需要长时间的探索。在此，我们尝试着按同一原则、个性原则、功能原则来分类。

1. 同一原则 即根据同一种标准，对茶礼仪进行分类。这种同一原则应该贯穿于一种茶礼仪类型的始终，并且能将茶礼仪进行多层次的细分。

2. 个性原则 既然某一种类型的茶礼仪能独立出来，就应具有自己的特色，与其他类型相区别。

3. 功能原则 从茶礼仪的作用来看，茶礼仪是共同认可的，外在表现与文化内的一致性，其实用性是基本，也是首要的。

此外，还有分类的多角度原则。也就是说，同一种茶礼仪，由于着眼点不同，可以归入不同的茶礼仪类型。茶礼仪的表现形式繁多，不胜枚举。如果从不同角度划分，茶礼仪的类别也蔚为壮观。

以时间划分：有古代茶礼仪、现代茶礼仪、当代茶礼仪等。

以阶层来分：有宫廷茶礼仪、文士茶礼仪、宗教茶礼仪、百姓茶礼仪等。

以内容来分：有待客茶礼仪、祭祀茶礼仪、婚庆茶礼仪、寿辰茶礼仪、成人茶礼仪等。

此外，各少数民族也有特定的茶礼仪，如白族的"三道茶"礼仪、藏族的"酥油茶"礼仪等，不同民族对茶的观念、茶饮方式、茶器选用、奉茶礼节都有自己的特色。

茶礼仪的运用皆以茶为载体，具有一些通用的原则，又加之，在不同分类中各种茶礼仪又有交叉，因此，在本书中，将在探索茶礼仪形成与演变的基础上，分四大板块着重介绍在当代社会最常见也最具实践性的茶礼仪，即个人茶礼仪、社交茶礼仪、仪式茶礼仪和特色茶礼仪，既便于学习者能学以致用，又利于学习者了解茶礼仪的深厚文化。

三、茶礼仪的功能

诚如国学大师钱穆先生所言，中国文化说到底是一个字，就是礼。因此，离开了礼来谈中华文明，则无从谈起。五千年历史与文化，蕴藏着丰厚的民族精神资源。21世纪，中华民族将实现伟大复兴，中华腾飞需要民族精神的引领；中华腾飞需要大力提升民族整体素质，革除种种不文明、不讲"礼"现象。"克己复礼，天下归仁"是新时期对重建礼仪文化的迫切呼唤。近年来，世人在关注中国经济发展的同时，也在打量着这个古老大国的世界形象。因此，今天我们倡导继承传统礼仪，演化"新礼仪"，既是中华文明薪火相传的需要，更是我们当代人为建设社会主义和谐社会、重塑"礼仪之邦"民族形象的历史责任。茶礼仪以茶为媒，既有满足口腹之欲的实用功能，更具备以下意义深远的文化功效。

1. 塑造良好形象，营造和谐氛围 在人际交往中，人们总是以一定的仪表、服饰、言谈、举止来表现某种行为，这是影响人们第一印象的主要因素。整洁大方的个人仪表，从容得体的言谈举止，必定会给对方留下深刻而美好的印象，从而有利于建立友好关系。同时，良好的礼仪能帮助人们规范彼此的行为，更好地向对方表达自己的尊重、敬佩、友好与善意，增进彼此的了解与信任。

由此可见，一个人平时的仪态、言语和行为，都是知礼程度、修养论层次的外在表现。别人通过他的仪表和一言一行，就可了解他品德的高下。

礼仪小故事

有一个人，去一家茶餐厅就餐，吃完后，才发现自己因出门换衣服而忘了带钱。怎么办？他只好如实相告老板，并满怀歉意地说："老板，出门太急，忘了带钱了，明日送来。"老板点点头，口称没有关系，还礼送此人离开。

刚好，这一切，被在饭馆窗外窥视的一个小偷看见了，店主与那位的对话也被他听到了。于是，这位小偷想吃饭欠账。只见小偷进了茶餐厅后，点了茶和餐品，大吃起来了。吃罢，也口称未带钱，表示明日送来。不想，他的话音未落，店主便勃然大怒，坚决不行。

小偷便反问："那人可以欠账，我为何不可？"店主回答说："你与那人不是同一类人! 那人一看,就是一个懂礼仪、有教养的人。他不光衣服穿得整洁、得体、连吃饭也十分有序。茶杯、筷子都放得很整齐,吃菜时不紧不慢,饮茶时细细品味,对服务员也极为尊重。离开时,也不慌不忙,从始至终,举止优雅,人家怎会赖我几个饭钱? 哪像你,外表脏乱,姑且不说。光吃饭时的表现就足以证明你一点礼仪都不懂。你吃饭把饭菜盘子弄得乱七八糟,桌上桌下有不少掉落的饭菜,端放茶杯也十分随便,更不要说乱扔餐巾纸了。你还把一双脏得不能再脏的脚毫无顾忌地放在凳子上,还不时像使唤奴仆一样指使服务员。同时,你眼睛总往我这儿乱盯,一副心神不定的样子。你这样无礼,让我怎样相信你? 你怎么能和刚才那位比呢?"

小偷愕然,一时语塞,只好乖乖地付了饭钱。

茶已成为当代最普遍的社交媒介,茶礼仪讲究和谐,重视内在美和外在美的统一。从茶事开始,注意一言一行,就是塑造良好形象。茶礼仪在行为美学方面自然而然地营造出安宁、舒适的社交氛围,令人身心放松,超凡脱俗,最适宜用于建设和谐的人际关系。

"不学礼,无以立。"这是传统社会的标准,今天依然有重要的现实意义。

2. 提升民众素养, 促进社会文明 在社交场合,人们按礼仪规定的要求进行交往,有助于相互间达成共识。茶道礼仪作为以茶为媒介的社交活动中一种共同遵守的行为规范,发挥着人际关系的融合和疏导功能,如讲究仪容仪表,尊老爱幼等。同时还制约着人们按照约定俗成的行为模式或品茶交流、或以茶会友,造就和谐统一的人际关系。在此过程中,礼仪潜移默化地熏陶着人们的心灵,使人们在日常生活中时刻注意自己的言行,养成良好的习惯,彬彬有礼。在这个意义上,完全可以说礼仪即教养,礼仪有助于提高个人的修养,真正提高个人的文明程度。而自身道德修养的提高，有利于形成良好的社会秩序和社会风气，从而促进社会文明的发展。

茶在中国人的生活中无处不在，因此这种教育的功能可以得到充分的发挥，近年来的少儿茶礼仪教育就是很好的示范，让孩子从泡一杯茶开始，学会尊敬长辈，学会待客礼节。对于广大民众而言，以茶为媒，引导人们在约束和规范自身行为的同时，培养高尚的道德情操，进而形成正确的道德观、价值观、世界观，可以有效加强德育的实践性和可操作性，做到知与行相统一、学与做相统一，这就是落实到生活中的最好教育方式。

与此同时，茶礼仪的推广还是普及饮茶的有效途径，茶叶中含有的多种营养成分对人体身心健康都有好处。我国著名营养学家于若木教授说："世界各国的华人表现出优秀的品质、中国人较高的智商和茶不无关系，这并不是说他们在国外都喝茶，而是说中华民族的祖先由于茶文化培养了较为发达的智力，并把这种优秀的素质传给后代。"因此，茶礼仪的推广还能有效宣传饮茶的益处，培养饮茶习惯，提高身体素质。毋庸置疑，当代茶礼仪将成为时代文明礼貌新风尚的宠儿。

3. 弘扬优秀文化，增进睦邻友好 茶礼仪中包含着中华民族的优秀精神，是弘扬中国优秀文化的最佳载体，儒家"八礼"皆可以茶为之，通过参与茶事活动，让人们在潜移默化中，感受中华传统礼仪的魅力，领略礼仪的内蕴。如以茶入"冠（笄）礼"，以明成人之责；以茶入"婚礼"，以成男女之别，立夫妇之义；以茶入"丧礼"，以慎终追远，明死生之义；以茶入"祭礼"使民诚信忠敬，其中祭天为报本返始，祭祖为追养继孝。平日里亲朋以茶相会，以茶相敬，以明长幼之序，联络成员情感。因此，茶礼仪的价值和作用，不仅在于提高个人修养，还在于促进社会井然有序，有助"谐和万民"。

随着中国与世界各国的友好往来日益发展，茶作为和平文明的使者更成为国际交往中的理想载体。在对外交往中，一杯清茶不仅可以示意我国和平友善的外交态度，同时还能展示中华民族的精神风貌，从而加深我国与世界各国的友谊与交流。当然，在涉外交往中，既要传承和发扬我国优良的礼仪传统，保持民族特色的礼仪与风俗，又要吸收外国礼仪中的一些好的东西，遵循一系列国际通用惯例，洋为中用，融会贯通，逐步形成一套与世界礼俗接轨的现代茶礼仪，通过茶礼仪搭建友好邦交的桥梁，让茶文化成为"中国更好地了解世界，世界更好地了解中国"的窗口。

4. 增强文化自信，推动民族复兴 近年来，得益于综合国力的不断提高，更得益于我们对传统文化的重视，复兴优秀的传统文化的呼声日渐高涨，优秀的传统文化逐渐被视为塑造文化自信力的重要资源，传统文化亦在生活中"渐行渐近"。茶源于中国，并在长期利用的过程中产生的博大精深的茶文化，茶文化脱胎于中国传统文化，是中国优秀传统文化的重要组成部分，以茶施礼，不仅能让仪态举止变得优雅，更能在潜移默化中了解和把握本民族优秀的礼仪文化传统，加强对中国文化的理解和领悟，增强民族自尊、自信、自强的精神，从而推动着民族富强与复兴的伟大梦想的实现。

▶ 朱熹画像

拓展阅读

朱子以茶论"理"明"礼"

宋代理学家、教育家朱熹，借品茶喻求学之道，通过饮茶阐明"理而后和"的大道理。他说："物之甘者：吃过而酸，苦者吃过即甘。茶本苦物，吃过即甘。问：'此理何如？'曰：'也是一个道理，如始于忧勤，终于逸乐，理而后和。'盖理本天下至严，行之各得其分，则至和。"他认为学习过程中要狠下功夫，苦而后甘，方能乐在其中。朱子所谓"理而后和"，"理"乃是自然界严实的规律，是社会人际关系严格的礼仪。礼是和的前提，有礼才能有和，循理是一种苦修，而只有"行之各得其分"，才能领悟到"至和"的甘甜。这是朱子对茶之"礼"的思想升华。茶之重礼，大大地提高了茶人生活的文化素质。茶使人清醒、社会和谐，所以中国茶道中吸收了"礼"的精神。历代儒家都以茶这种亲和力作为协调人际关系的手段，达到互敬、互爱、互助的目的，从而创造出尊卑有序、上下和谐的社会环境来。礼和人际关系无疑起过而且至今仍起着重要的作用。朱子对茶道奥义的理解至深且透。

第二章　茶礼仪演变

礼，履也，所以事福致福也。——《说文解字》

夫礼之初，始诸饮食。——《礼记·礼运》

"礼"原是宗教祭祀仪式上的一种仪态。最早的"茶"是先民们赖以生存用于维系生命的充饥食物之一，无法解读自然且不懂生育奥秘的先民们，或将其视为开天辟地的神灵，或视为赐予生命的先祖……他们对茶的感恩与崇敬化作了"茶图腾"意识，尽管"茶"还没有统一称呼，但茶的身影已出现在古老的祭祀仪式中。至三国两晋，孙皓"以茶代酒"，陆纳"以茶待客"，茶已呈现出礼仪的意味。但直至唐代陆羽撰写《茶经》，自此，茶为礼才有矩可循，有规可依，随着茶饮的普及而不断传播，茶礼仪渗透到各阶层各领域。让我们一起来揭秘，茶礼仪究竟如何立制？又如何丰富？致使客来敬茶，成为华夏民族最普遍的生活礼仪，并远播海外，影响世界。

第一节　茶礼仪的萌芽

关于茶的发现和饮茶的起源，由于年代久远，学术界尚无定论。流传在中国西南地区各民族中的许多民间故事、神话传说、史诗和古歌中都涉及茶。这些民间传说故事说明，在原始社会，先民们就已经发现了茶，茶已与他们的生活发生了联系，并产生了茶图腾意识。

如前所述，人类最原始的礼仪就是先民们从大自然的崇拜、图腾崇拜、祭天敬神中萌发出来的，因此，让我们从原始的茶图腾中去追寻中华茶礼仪最初的萌芽。

一、原始的茶图腾

1.《达古达楞格莱标》古歌　这是一首流传于云南德宏地区德昂族（原名崩龙族）的创世史诗，反映了德昂族人对茶树的图腾崇拜。古歌从宇宙混沌一片时唱起，它唱道：

很古很古的时候，

大地一片浑浊。

水和泥巴搅在一起，

土和石头分不清楚。

天上美丽无比，

到处是茂盛的茶树。

翡翠一样的茶叶，

成双成对把枝干抱住。

茶叶是茶树的生命，

茶叶是万物的阿祖；

天上的日月星辰，

都是茶叶的精灵化出。

天空五彩斑斓，

大地一片荒凉，

时时相望的天地啊。

为什么如此大不一样？

茶树在叹息，

茶树在冥想。

……

天空雷电轰鸣，

大地沙飞石走，

天门像一支葫芦打开，

一百零两匹茶叶在狂风中变化。

单数叶变成五十一个精悍小伙子，

双数叶化为二十五对半美丽姑娘。

茶叶是崩龙的命脉，

有崩龙人的地方就有茶山。

神奇的传说留到现在，

崩龙人的身上还飘着茶叶的芳香。

茶叶到处洪水退让，

洪水退处大堤出现。

崩龙山的泥土肥沃喷香，

因为它是祖先的身躯铺成。

每座山林都有吃的，

阿公阿祖留下了金仓。

显然，这是一首在神圣庄严的民族祭祖场合中所唱颂的神歌。这首歌不仅是德昂人的祖源追溯，更是德昂人世代相传的民族信仰，揭示了一个事实：茶叶是德昂人的图腾物。在这幅绚丽神奇的画面中，我们可以强烈感受到茶在其图腾民族心目中所占有的神圣地位与崇高形象。

古歌清楚地表达了茶叶创造德昂人的经过：*开天辟地→由神下凡变人→创造世界→繁衍人类*。

这是一则相当典型、完整，堪称弥足珍贵的原始图腾传说。它有着极浓厚的开天辟地观念，值得注意的是，这首史诗歌颂的茶叶与汉、苗等民族传说中的盘古、女娲等神，有着同质同构的神格与功绩。

2. 土家族敬奉的女始祖——"苡禾娘娘" 许多古老民族都曾信奉过茶图腾，茶可以说是古老民族的共同信仰，直到现在，我们还可在各古老民族遗存文化中寻觅到茶图腾崇拜的踪迹。如土家族敬奉的女始祖——"苡禾娘娘"。

据载，土家族自称"毕兹卡"，他们敬奉一位土语呼为"苡禾娘娘"的女始祖。传说少女时的她上山采茶，口渴了，嚼了把茶叶，于是便怀了孕。怀胎三年六个月后，一次生下了八个弟兄。弟兄太多，无法抚养，苡禾娘娘便把他们丢到山里，谁知八弟兄见风就长，靠吃虎奶长大成人……以后，他们成了土家族崇奉的氏族神祖——八部大王。

▶ 土家族八部大王故里祭祀大会

从"女始祖"采茶、吃生茶叶、怀孕、生子、弃子、子食虎奶、子为氏族神祖这一系列的意象排列来看，很明显，这是两个图腾——茶与虎为一体的神话传说。其前半段的信息为：母系社会，采集经济时期，随摘随吃生叶果实阶段的吞食植物（茶叶）而后孕子的图腾传说；后半段的信息则为：父系氏族，狩猎经济时期，动物（老虎）保护（哺育）氏族祖先的图腾传说。

由此可以推断，在土家族居住地，茶叶是常用植物，先民们由于对生育现象的迷惑而产生了"茶为生命之源"的图腾。

3. 用"绿雪芽"治病救人的女始祖——"太姥娘娘"　在福建太姥山地区也流传着一则以用"绿雪芽"治病救人的太姥娘娘为始祖图腾的神话。

据说在太姥山上的鸿雪洞崖巅上有一株著名的"绿雪芽"始祖茶，是由尧帝所封的太姥娘娘所栽。当年她曾用绿雪芽茶救治过不少人命，所以人们怀念她。每逢农历七月七日在她羽化升天的日子，在传声谷呼唤她，她会驾五色龙马降临望仙桥……。至今，清明节、七夕夜，人们用红漆木盘盛着绿雪芽茶，虔诚地供在她的石墓神龛上。有习俗每逢清明，外舅总要送一包"绿雪芽"（俗名白茶芯）至甥家，其母则视若神明，搁在灶龛上。孩子受惊，就用"绿雪芽"与银戒指泡茶，谓能避邪压惊。

由于这是一则流传在较开化民族中的传说，所以这位茶图腾女始祖已转换成道家仙人式的人物形象了，不过图腾迹象还是历历可数。例如泡茶压惊，正是图腾保护本族类的意蕴举动；施茶水救治人命之传说，则是图腾的保护神事迹的崇拜记忆；用茶祭太姥娘娘，则更是茶图腾民族祭祖的典型遗俗。可见太姥娘娘应该是原太姥山地区一支茶图腾民族的女始祖。现今，有太姥圣殿供奉这位女始祖。

▶ 福建太姥山

此外，在浙江景宁县敕木山区流传的畲家姑娘化身"茶王树"尝草为民治病传说等，皆体现了古人的茶图腾意识。

最早的"茶"是初民们赖以存活维系生命的充饥食物，也是他们

▶ 太姥圣殿

从生到死日日相伴的"亲人密友"，所以，不懂生育奥秘，充满着原始思维的图腾意识和感恩之情的初民们，便产生了将"茶"视为给予生命的母亲的茶图腾意识，其后代也因而将"茶"视为祖先，形成了崇拜"茶"的原始宗教。

远古的茶图腾信仰，是一个民族（部族）的集体信仰与社会制度，不可避免深深地印在古老民族的文化与遗俗中，不仅有专门的茶祭，在"生、冠、婚、丧"等重要人生礼仪中也常常少不了茶。

二、早期礼仪中的茶

在唐代陆羽撰写的《茶经》问世以前，尚无系统完整的以茶为礼的制度，但茶已作为珍贵的祭品出现在祭祀仪式中，也曾作为地方特产，出现在朝贡仪式中。三国两晋时期，随着茶饮逐渐普及，茶的身影出现在宴请、待客场所之中，接下来，让我们从茶在礼仪中的运用去探究茶的礼意。

1. **丧祭礼仪中的茶**　祭祀是最古老的礼仪形式。最初的祭祀以献食为主要手段。《礼记·礼运》称："夫礼之初，始诸饮食。其燔黍捭豚（fán shǔ bǎi tún），污尊而抔饮，蒉桴（kuì fú）而土鼓，犹若可以致其敬于鬼神"。意思是说，祭礼起源于向神灵奉献食物，先民们把黍米放在石上烧熟，把猪肉撕开放在烧石上烤熟，在地上挖个小坑盛水当作酒樽，用双手捧着献神，用草和土做成的鼓槌，敲击小土台就当敲鼓作乐，即便如此简陋，也能够把人们的祈愿与敬意传达给鬼神。

茶作为祭祀时的祭品由来已久，《周礼·地官司徒》中记载："掌茶：掌以时聚茶，以供丧事；征野疏之材，以待邦事，凡畜聚之物。"《周礼》："掌茶以供丧事，取其苦也。"说明在周代因茶之味苦与追思之情相契合，已经将茶作祭祀之用了。

南朝时期《南齐书·武帝本纪》中记载了齐武帝萧赜下遗诏，待其死后，臣民以茶为祭的典故："祭敬之典，本在因心，东邻杀牛，不如西家礼祭。我灵上慎勿以牲为祭，惟设饼果、茶饮、干饭、酒脯而已。天下贵贱，咸同此制。"可见萧颐提倡节俭、体恤百姓疾苦，这也是最早以茶为礼的正式文字记载。

我国历史上流传着许多以茶作祭礼的故事。南朝宋刘敬叔撰写的《异苑》一书中记有一则传说：剡县陈务妻，年轻时和两个儿子寡居。院子里有一座古坟，每次饮茶时，都要先在坟前浇祭茶水。两个儿子对此很讨厌，想把古坟平掉，母亲苦苦劝说才止住。一天梦中，陈务妻见到一人对她说："我埋在此地已有三百多年了，蒙你竭力保护，又赐我好茶，我虽然是地下朽骨，但不会忘记报答你的。"天亮时，陈务妻在院子中发现钱十万。母亲把这事告诉两个儿子，二人很惭愧，自此以后，祭祷不断。茶在祭祀中出现源于周代，但以茶作祭礼成为祭俗始于两晋南北朝时期并传袭至今。

2. 朝贡礼仪中的茶 "贡"是地方向中央政权主动进献物品的活动，凡地方上的珍稀之物，一经发现均可以成为贡品进献皇宫。贡茶起源于西周之初，迄今已有近3100多年历史。周武王伐纣灭商后，将自己的一位宗亲爵封于巴。巴地是一个疆域不小的邦国，"土植五谷，牲具六畜，桑蚕麻苎、鱼盐铜铁，丹漆茶蜜、灵龟巨犀、山鸡白雉、黄润鲜粉，皆纳贡之"（《华阳国志·巴志》）。这是中国名茶最早作为王侯向天子敬献的贡品的记载。但这仅仅是贡茶的萌芽而已，既未形成制度，更未历代沿袭。

东汉以来，不独有贡茶，而且出产御苑茶。吴国景帝永安年间，吴兴郡乌程温山（今属浙江湖州）有御茶园。到了南北朝，贡茶同御茶已作为王朝君臣普遍享用的饮料珍品，同时，也成为朝野内外祭祀鬼神的祭品。

3. 宴请礼仪中的茶 "民以食为天"，饮食礼仪在中国文化中占有极重要的地位。早在先秦时期，人们就"以燕飨之礼，亲四方宾客"。

茶入宴席，最早可溯及三国时代，《三国志·吴书·王楼贺韦华传》载：

(孙)皓每飨宴，无不竟日，坐席无能否，率以七升为限，虽不悉入口，皆浇灌取尽。(韦)曜素饮酒不过二升，初见礼异时，常为裁减，或密赐茶荈以当酒，至於宠衰，更见偪（bī）疆，辄以为罪。

这是以茶代酒的发端，在这里"茶"成为"殊礼"。

君主赐酒，不饮即为不敬，这是"礼"。但起初"见礼异时"，君主则可为他"裁减"，甚至玩偷梁换柱的把戏。享受"殊礼"（主要是指在接待某人时，在以上两个方面超出了礼的一般规定，也可以表现为某些方面对某人的特殊关照。）一旦宠衰，则反而更被强迫喝酒，往往因所饮不足量而受惩罚。

两晋南北朝时，有不少政治家提出"以茶养廉"的方略，用以对抗当时的奢靡之风。彼时贵族聚敛成风，官吏乃至士人以夸豪斗富为美，"帷帐车服，穷极绮丽，厨膳滋味，过于王者"。在此情况下，一些有识之士做了一些"以茶为礼"的尝试，南朝宋人何法盛撰写的《晋中兴书》中就记载了"以茶入宴"之事，这也是关于茶宴最早的历史记载：

陆纳为吴兴太守时，卫军谢安尝欲诣纳(拜访陆纳)，纳兄子俶怪纳无所备，不敢问之，乃私蓄十数人馔，安既至，纳所设唯茶果而已，俶遂陈盛馔，珍馐毕具。及安去，纳杖俶四十，云："汝既不能光益叔父，奈何秽吾素业(清白的操守)？"

与陆纳同时代的桓温，其有"大英雄真名士"之称，因率兵平蜀地，灭成汉，威名远扬，但他常以简朴示人，《晋书·卷九十八·列传第六十八》云："温性俭，每燕惟下七奠柈茶果而已，"在崇尚豪奢的西晋，以茶入宴成为主人操守清白的象征。

4. 待客礼仪中的茶 人与人交接、相见，是生活中最常见的现象。接见中，借助于一定程式的礼仪，可以表达内心的诚敬。

西汉辞赋家王褒所著《僮约》，记述了他在四川亲身经历之事。西汉神爵三年，王褒到"煎上"即渝上（今四川彭州市一带）时，遇见寡妇杨舍家发生主仆纠纷，于是他对这家的奴仆订立了一份契约进行约束管教，其中提到，当"舍中有客"时须"烹茶尽具"，这说明以茶待客在当时当地已成为一种公认的礼节。

《续茶经·七之事》引北宋叶廷珪撰《海录碎事》：

> 晋司徒长史王濛，字仲祖，好饮茶，客至辄饮之。士大夫甚以为苦，每欲候濛必云："今日有水厄。"（"水厄"即魏晋时，北方不习惯于饮茶者对茶的戏称。）

▶ 王褒画像

晋代王濛，官至司徒长史，喜欢喝茶。有人到他家就让客人也饮用茶水，士大夫都怕了。每次准备去拜谒他时，必定要说："今天有水灾。"从这则趣事可知，晋时喝茶并不普及，很多人并不习惯，但好饮茶的王濛已开始将其运用在待客礼仪之上。

《茶经·七之事》引《宋录》：

> 新安王子鸾、豫章王子尚，诣昙济道人于八公山。道人设茶茗，子尚味之曰："此甘露也，何言茶茗？"

刘宋王朝的新安王刘子鸾、豫章王刘子尚到八公山谒见昙济道人，道人用茶招待二位王爷，结果备受赞赏。这说明，茶在南朝已经是招待贵宾的饮品，级别之高，可想而知。

5. 西晋杜育《荈赋》，茶礼仪要素初具 西晋杜育创作的《荈赋》，是中国最早以茶为题材的诗赋，在这篇作品中，可窥探到茶礼仪的诸多要素。

杜育《荈赋》——一幅生动的茶山品茶图

灵山惟岳，奇产所钟。瞻彼卷阿，实曰夕阳。厥生荈草，弥谷被岗。承丰壤之滋润，受甘露之霄降。月惟初秋，农功少休；结偶同旅，是采是求。水则岷方之注，挹彼清流；器择陶简，出自东隅；酌之以匏，取式公刘。惟兹初成，沫沉华浮，焕如积雪，晔若春敷。若乃淳染真辰，色绩青霜。白黄若虚。调神和内，倦解慵除。

这是一幅绝佳的茶山采茶、品茶图：作者在秋天农忙闲暇时，率同好友结伴入茶山采茶，并制成茗茶。在岷江清流中，汲取清新的活水烹茶，煮开泉水，将钟山灵秀气、承霄降甘露的茗茶粉末置于东方出产的陶器中，精心调制成茶汤。等茶汤调妥后，效法大雅公刘以匏瓜制成的瓢饮酒，用瓢分茶飨友。虽然不能身临其境感受那以茶相欢的场景，但其中蕴含的茶礼仪要素已显露端倪。

礼法：饮茶效仿《诗经·大雅·公刘》"执豕（shǐ）于牢，酌之用匏。食之饮之，君之宗之"。当时尚无茶礼制，故仿饮酒礼，以茶敬众宾，基本流程：取茗—烹泉—调汤—分茶—敬奉。

礼器：选择当时最好的瓷器——浙江东瓯所制造的瓷器调汤，然后用当时人们常用的瓠瓜制成的瓢分茶。

礼义："礼之所尊，尊其义也。""君子之于礼也，有所竭情尽慎，致其敬而诚若，有美而文而诚若"（《礼记·礼器》）。这句话是说君子行礼表达诚意的态度和方式多种多样，但总的来说就"礼之内心"而言，就是要竭尽一己之真情实意以致其恭敬。用亲手制的茶，择最佳之器，烹最美之茶，就是以诚示敬。

如此看来，《荈赋》生动描述了烹茶技艺，同时又融入儒家"礼仪"的文化内涵，可谓是中华茶礼仪的滥觞，其中对茶礼仪基本要素的描述为唐代陆羽创立茶礼奠定了基础。

第二节　茶礼仪立制

一、茶礼仪立制之因

在唐代以前，茶已经较为广泛地出现在祭祀、朝贡、宴请、待客等礼仪场所中，但在相关的礼仪典籍中并未见系统完整的茶礼制，直到唐代《茶经》的问世，陆羽构建了从茶器、用水、烹煮到品饮等一系列的茶礼仪规范。也许有人会困惑，为何陆羽会为茶制礼，究其原因，主要是以下三个因素综合作用的结果。

1. 大唐盛世，礼仪重兴，以构建和谐社会关系　美国学者魏侯玮（Howard J. Wechsler）教授在讨论唐代王朝礼仪时指出，唐代前期是中国礼仪史上的一个关键时期，在此期间，早先的"家天下"礼仪理念，逐渐被一种更为集权、更强调"天下为公"的礼仪表演所取代。在这种新礼仪理念下，朝廷开始思考如何重构王朝礼仪与乡村社会之间的关系，为庶人制礼可能就是在这一背景下被提上议事日程的。

到了唐代中叶，官修的礼仪巨著《大唐开元礼》中已开始涉及庶人礼仪。

《礼记·曲礼》中有"礼不下庶人，刑不上大夫"之说，很多人以为是庶人不需讲究，大夫不受刑罚，而其真正的意思是"礼对庶人不大认真，刑于大夫亦有原恕"，是阶级制度的自然表现。周礼有一套很复杂很烦琐的流程，对于庶人而言，是一种精神折磨，所以就不必要求庶人去执行了。可见朝廷对待庶人是否行礼，是以"仁"爱之心出发，另当别论。

唐代开元之治晚期，承平日久，国家无事，唐玄宗丧失了向上求治的精神，政治愈加腐败，以至国事日非，后又发生了安史之乱，其间，传统礼制诸多被破坏，统治阶级与各阶层关系需要重新构建，因而重新审视礼的功能——"礼之用，和为贵"，修礼制，并制定庶人礼仪，以礼为治，构建更和谐有序的社会。

《大唐开元礼·序例（下）》中有这样的规定："凡百官身亡者，三品以上称薨，五品以上成卒，六品以下达于庶人称死。"

《大唐开元礼》颁行之后，庶民礼仪的修订就逐步得到关注。开元二十九年，唐玄宗调整丧葬仪制时，曾诏令丧葬明器、茔（ying）地等于《大唐开元礼》之原定旧数内递减："其庶人先无步数"，遂定方七步，坟四尺。

在朝廷对庶民百姓的礼仪规范日趋关注的同时，亦可看到民间婚丧礼书、吉凶家仪、家礼祭仪的不断涌现，而这些也正是礼仪约束扩展、外延的反映。

朝廷制礼观念和态度的变化，对茶礼仪立制也起到了推波助澜的作用。

2. **茶业蓬勃，消费扩大，茶为礼的运用十分普及** 唐代茶叶生产扩大、种植面积与日俱增。据陆羽《茶经》中记载，唐代茶区共8个，产地

▶ 文成公主进藏

包括1个郡和42个州，而当代考证认为，中唐时期茶产区远不止这些州县。有研究者认为除此之外还有33个州，也有人认为当时茶叶产地至少已分布于8道98州，实际产茶地恐怕还会超出此数。尽管确切的数据无法证实，但唐代茶业之盛可窥一斑。综合诸位研究者所论，当时茶叶产区的分布在大体上相当于现在南方各省的茶区格局。由于生产的迅速发展，茶叶的品类增多，品质明显提高，"茶为饮"也有了越来越广泛的社会基础，据《膳夫经手录》所载："今关西、山东、闾阎村落皆吃之，累日不食犹得，不得一日无茶。"由此可见，唐代茶风日益炽盛，以至于从宫廷到寺观，从朝臣到百姓，特别是文人学子，名僧高士，无不以饮茶为乐，以饮茶为雅，以饮茶健身，以饮茶修性。

唐代最高统治者直接提倡饮茶、热衷茶事，并向周边地区推广茶俗。如，唐太宗把文成公主嫁给吐蕃赞普松赞干布时，茶是陪嫁之物。《西藏政教鉴附录》称："茶叶亦自文成公主入藏也"。从此，西藏饮茶习俗蔚为时尚。

初唐时，文人之间以茶相赠，以茶会友。如诗仙李白（701—762年）为答谢侄子赠茶之情作《答族侄僧中孚赠玉泉仙人掌茶（并序）》一诗，以示回礼；诗圣杜甫（712—770年）《重过何氏五首》中"落日平台上，春风啜茗时"描述了文人们以茶相聚的闲情逸致。盛唐时期，茶以不同的身影出现在宫廷的赏赐中，在达官贵人的盛宴上，在文人雅士的清谈中，在下里巴人的说笑中，或作为安抚边蕃和臣下的特别"礼遇"，或作为联结友谊的礼物，或作为表达敬意的物品，或用来表达对神灵的诚敬。以茶达礼的应用越来越广泛。其时，从嗜茶者到研茶者自然不乏其人，陆羽就是当时的茶界翘楚。

3. 精通茶道，深谙礼制，茶圣陆羽创茶礼　陆羽（733—804年），字鸿渐，又字季疵，自号桑苎翁，又号竟陵子，生于唐玄宗开元年间。陆羽是个弃儿，自幼被龙盖寺智积禅师收养。积公好茶，陆羽自小深得茶道熏陶，其烹茶技艺逐渐炉火纯青。多年后，代宗皇帝与智积高僧共同见证了他的绝技。

陆羽不仅精通茶道，而且也是一名文学家、书法家、地理学家，同时还精通音律，擅长戏曲，深谙儒家礼典，被誉为"茶仙"，尊为"茶圣"，祀为"茶神"。辉煌成就不仅得益于他自身的聪慧勤勉，还因为他广泛地结交良师益友，先后多次游历，并深入茶区进行实地考察。天宝十一年（752年），礼部员外郎、中书舍人、集贤殿直学士崔国辅，被贬到竟陵任司马，不久，便与陆羽结为忘年之交。陆羽得到崔国辅等人的捐赠和资助后，便开始了他第一次的外出考察活动。他考察的区域一是鄂北，二是豫南，考察的重点是访名山、游名水、拜名士、品名茶，了解风土人情和民间疾苦。在豫南，他先后考察了信阳、罗山、光山、商城、固始等县，这些风景秀丽、河渠纵横的鱼米之乡，特别是放眼满山坡的茶园给陆羽留下了深刻的印象。天宝十四年（755年），安史之乱爆发，唐代由盛世而进入了一个动乱不安的时期，百姓们纷纷逃往他乡避难，陆羽也随着流亡的百姓离乡外逃流落，但却因此先后游历了多个主产茶区，如湖州、四川、湖南、湖北等。通过诸多产茶地的实地体验与考察，陆羽不断累积和提升了有关茶的培育、加工、制作以及饮用方法的知识和经验，还留心茶具、茶器的制作，更对各地茶事礼仪深谙于心。"野中求

▶ 陆羽画像

▶ 《茶经》

逸礼，江上访遗编"，每到一处，都结交文人雅士，且不忘收集与茶有关的信息，对各地饮茶的风俗亦探个究竟。

陆羽一生所交不乏名流高贤，如崔国辅、颜真卿、皇甫冉、皇甫曾、刘长卿、戴叔伦、孟郊、皎然等，皆是满腹经纶的才子，曾任竟陵刺史的周愿在其记事文《牧守竟陵因游西塔著三感说》里盛赞陆羽是"天下贤士大夫，半与之游"，真可谓"天下谁人不识君！""得到多助，失道寡助"，可以说，陆羽的成就是众人智慧相互激发的结晶。

唐初以来，各地饮茶之风渐盛，但种茶、制茶、烹茶技术参差不齐。饮茶者往往不能体味茶饮的真味与妙趣，此时自称"桑苎翁"的陆羽充分发挥他历时十几年的茶学知识积累，撰写出史上第一部茶学专著——《茶经》，为人们学习和感悟茶道指点迷津。陆羽《茶经》不仅是一部旷世的茶技术专著，更是一部极富文化内涵的礼学典章。

在唐代对礼制进行创新和修订的大背景下，加之文人、雅士、僧侣的倡导，茶为礼的运用已较为普遍，尤其是陆羽对茶道技术的精通和礼制的深谙，更使茶礼立制成为必然。

二、陆羽创立茶礼仪

陆羽的伟大功绩在于，不仅博览群书，博采众长地吸收历代的书面成果，而且进行长期的实地考察和亲身实践，从而能较为全面、科学地总结前人植茶、制茶的经验，系统地归纳人们饮茶的方式、方法，并在总结茶在各种礼仪场所运用的基础上，依照礼制的要求，基本完善了饮茶的"礼法、礼义、礼器、辞令、礼容、等差"，完备了茶为礼的相关要素，把中国文化的精粹内涵融入茶的饮用过程，最终发表了第一部茶学百科全书——《茶经》。清代曾元迈《茶经序》（清仪鸿堂本）评曰："惟饮之为道，酒正著于《周礼》，茶事详于季疵。……茶之事其来已旧，而茶之著书始于吾竟陵陆子，其利用于世亦始于陆子。由唐迄今，无论宾祀燕飨，宫省邑里，荒陂（bēi）穷谷，脍炙千古。"茶之用于世，上至达官贵人，下至平民百姓，莫不以之表达礼敬，直到今天，茶饮仍造福神州，惠及全球，陆羽之功，理当世代传颂。

1. 礼法　指行礼的章法、程式。

茶之礼法是指根据不同茶礼的需要，从茶具的质地、器皿的规格、敬茶的程序及举止方位，都有具体细致的规定，从而形成系统、完整的事茶程序。据《茶经》记载，唐代煮茶的程式步骤为：炙茶、碾茶、罗（筛）茶、烧水、一沸时加盐、二沸时舀水、环击汤心、倒入茶粉、三沸点水、分茶入碗、敬奉宾客，步步严谨，同时操作技术上以"精"为标准。

▶《萧翼赚兰亭图》

如分茶入碗时的规定："夫珍鲜馥烈者，其碗数三；次之者，碗数五。若座客数至五，行三碗；至七，行五碗；若六人以下，不约碗数，但阙一人而已，其隽永补所阙人"。

2. 礼义　如果说礼法是礼的外壳，礼义就是礼的内核。

礼法制订，是以人文精神作为依据的。如果徒有仪式，没有丰富、深远的思想内涵，礼就成了没有灵魂的躯壳。从古到今，从宏观上看，礼的设定都有很强的道德指向，"取于仁义礼知""明君臣之义""明长幼之序"等，最终指向的是以"仁"达"和"。

陆羽在《茶经》中倡导以"行俭德"至"和"，这与孔子所倡导的修"仁"

致"和"如出一辙，并提倡以"精"的采制、烹煮等技术示诚敬之意。

3. 礼器 指行礼的器物，礼法、礼义均须借助于礼器才能进行表达。

古人说"藏礼于器"。礼器范围广，主要有食器、乐器、玉器等。使用时，常以组合形式出现，每种器物的使用方式和数量配备都须严格按礼制执行。

《茶经·四之器》记录了用于待客烹茶的各式器物，尤其是独具匠心地设计了将儒家的鼎礼、道家的八卦、医家的五行巧妙融汇的"煮水风炉"，使之成为茶礼的标志性器物。陆羽设计的风炉为"鼎"型，并在足上书有"坎上巽下离于中""体均五行去百疾"之言，还在三个格上分别标记

▶ 风炉　　　　▶ 漉水囊、绿油囊

▶ 罗、合、则　　▶ 碾、拂末

以"坎""巽""离"的卦象和象征风兽的彪、象征火兽的翟、象征水兽的鱼，这正是陆羽通"五行八卦"之要义而悟出的饮茶煮水之道。按卦的含义：坎主水，巽主风，离主火，"坎上巽下离于中"即是说煮水的时候要有风吹入炉下，中间的火焰才会燃烧，上面的水才能煮沸。"坎"卦与"离"卦结合而成"既济"卦（坎上离下），意味着水火交融才可能成功。如何让直接不相容的水与火变为相容，使不相容的对立面趋于"和"？即变相克为相生，这个调剂的中介物就是置于水火之间的锅，而加速调和的物质正是风。陆羽正是通过这些直观而生动的意象，阐释了煮水过程中风、水、火三者相生相和的原理，从而表达了"和"的礼义。

至于"体均五行去百疾"之言，意指风炉煮水时五行俱备（五行为"金、木、水、火、土"。风炉以铜铁铸之，为金；上有水；中有炭，为木；以木生火；炉置于地，为土），烹茶过程即是均衡五行、谐调阴阳的过程，故饮茶可以去病强身，这是陆羽在深刻理解古人养生之道基础上对饮茶功效的创造性阐释，亦是对礼义——"和"的深化认识。

陆羽将日用茶器赋予"礼"的本质，从而使"器以藏礼"产生更具体的哲学意义，礼义也使茶器具的文化内涵更为丰富。

▷ *煮水风炉*

4. 辞令 礼是人际交往，或是沟通人与神的仪式，因此辞令必不可少。

言语即辞令，其规范在古代礼仪书籍中已有诸多表述。陆羽在辞令上对"茶"统一称呼进行了规范。

《茶经·一之源》：其字，或从草，或从木，或草木并。（原注：从草，当作"茶"，其字出《开元文字音义》。从木，当作[槚]，其字出《本草》。草木并，作"荼"，其字出《尔雅》。）其名，一曰茶，二曰槚，三曰蔎，四曰茗，五曰荈。（原注：周公云；槚，苦荼。杨执戟云："蜀西南人谓茶曰蔎。"郭弘农云："早取为荼，晚取为茗，或一曰荈耳。"）。

唐代以前，"茶"字没有统一，有荼（chá、tú）、槚（jiǎ）、荈（chá、chuǎn）、蔎（shè）、茗（míng）等多个别称。至唐玄宗御撰《开元文字音义》，将"茶"字减去一笔，定为单一的"茶"字，初"茶"字与"茶"字通用。陆羽在撰写《茶经》之时，统一用"茶"字，在陆羽《茶经》普及和影响下，有字有音的茶终于得以统一，这为茶礼仪的推行奠定了基础。

5. 礼容 即行礼者的体态、容貌等，为行礼时所不可或缺。

据唐代封演《封氏闻见记校注》记载，茶礼由陆羽创立，广受认可后，同时代的常伯熊进一步加以研习，将其变成具有观赏性的煮茶仪式，并四处传播："伯熊著黄被衫乌纱帽。手执茶器，口通茶名，区分指点，左右刮目。"可见常伯熊十分注重服饰的庄重、程式的规范和讲解的生动，从而有力推动了茶礼的广泛传播，而后事茶过程逐渐成为国人普遍的生活仪式。而且，在对"礼"极其推崇的国人心中，哪怕是一人独自品饮，仍不能失"仪"，这从卢仝"纱帽笼头独煎吃"便知人们对茶事活动中"仪"的讲究程度非比寻常。而陆羽更注重的是借茶礼表达内心的诚敬，因此在《茶经》中对于茶礼外在表现形式的表述颇吝笔墨，仅用"俭"字一以概之。

6. 等差 古代礼仪最重要的特性之一，也是礼与俗的主要区别之一。等级越高，礼数越高。

早在南北朝时，茶已用于祭祀，形成了最初的茶仪。唐代以后历代朝廷皆以茶进荐社稷，调和宗庙，以至朝廷进退应对之盛事，均有讲究的茶礼仪式。

不同身份，在礼器材质选用上有所区别，就是在不同场合使用礼器，也有等差。

其煮器，若松间石上可坐，则具列废。用槁薪、鼎之属，则风炉、灰承、炭挝、火筴、交床等废。若瞰泉临涧，则水方、涤方、漉水囊废。若五人以下，茶可末而精者，则罗废。若援藟跻岩，引絙入洞，于山口炙而末之，或纸包、盒贮，则碾、拂末等废。既瓢、碗、筴、札、熟盂、醝篮悉以一笤盛之，则都篮废。但城邑之中，王公之门，二十四器阙一，则茶废矣。

——《茶经·九之略》

《茶经》的上述阐释足见陆羽"礼不下庶人"的仁者之心。正是考虑到"庶民百姓"都没有经济能力和条件置办齐所有茶器，陆羽依"行俭德"却又"尚礼"之道，说明在特定情况下可"略"去不必要的器物。如此一来，陆羽将王公贵族的茶礼仪与"庶民百姓"的礼节分割开来，继后茶礼仪最终简化为"茶即礼"，但也正得益于此，才有可能开创出日后"茶道大行"的盛况。

陆羽作《茶经》，制茶礼奠定了整个中唐以前茶礼的基础。陆羽之后，唐人又发展了《茶经》的精神，如晚唐苏廙（yì）撰写的《十六汤品》从煮茶的时间、器具、燃料方面讲求如何保持茶汤的品质，张又新所著《煎茶水记》对于天下适于煎茶的江、泉、潭、湖、井的水质加以评定，列出天下二十名水序列，使茶文化中的天、地、人的关系更加鲜明。如此，茶契合"天、地、人"的"中和"之道，更加广泛地运用在各个阶层、各个场合之中。中华茶礼仪在陆羽《茶经》倡导的基本框架上不断完善，逐步成为定制。

第三节　茶礼仪丰富

陆羽《茶经》将普通茶饮的物质品性，与士人的人生意趣、精神追求及价值判断等因素两相配合起来，所谓"茶之为用，味至寒；为饮最宜精，行俭德之人"。同时代的一批文人士大夫，将茶之清幽特性"观照"洁雅品行、将茶之自然属性"关联"淡泊追求……在对于茶之于文化的思考上产生了共同或接近的群体认知，使茶的文化性在社会心理领域有了较为明确的定位，即文人化的过程。与此同时，陆羽构建了"茶礼仪"的系统规范，且充分考虑到茶礼在各个阶层的运用，让茶礼既能"入皇宫"，又能"下庶人"，从而使得茶在各种场合的运用更符合构建人际关系以及国家管理的需要。因此，茶饮得以不断蔓延朝廷内外，大江南北，皇帝赐茶，大臣分茶，文人咏茶，百姓喝茶，茶礼的外在表现形式日益丰富，同时其"和"的文化内涵愈加深化。

从所在阶层或流派来分，茶礼仪主要包括宫廷茶礼仪、文士茶礼仪、宗教茶礼仪、百姓茶礼仪。

一、宫廷茶礼仪

从五代到宋辽金，从全中国来看正是南北民族大融合，北方社会向中原王朝看齐的时期。辽与北宋对峙，金与南宋对抗，宋代重文抑武，虽然军事上频频吃败仗，但经济文化相当繁荣，茶礼仪在这种民族交融、思想撞击的时代得到了更强盛的发展，主要体现在：一方面是宫廷茶礼的正式出现，另一方面是市民茶礼和民间斗茶之风的兴起。

1. 宋代宫廷茶礼仪 如果说唐代是文人、隐士、僧人引领茶礼仪的时代，宋代则一建立就在宫廷推崇饮茶风尚，贡茶数量与质量都大有提升。如前所述，贡茶始于西周，最初只是产茶区的地方官吏征收各种名茶、特色茶叶作为土特产进贡皇朝，属土贡性质，直至唐代宗大历五年（770年），在吴兴顾渚山设立了贡茶院专制贡茶，名曰贡山，官营贡茶自此为始，贡茶制度也从此延续

▶ 宋徽宗画像

千年之久。到了茶风鼎盛的两
宋时期，前有宋太祖开启宫廷
饮茶的新时代，后有宋徽宗亲
自编撰传世茶书《大观茶论》，
更将茶礼仪演化成宫廷文化不
可分割的组成部分。宋太宗太

▶ 龙团、凤饼图案

平兴国初年，朝廷开始派贡茶使到北苑督造团茶，为区别于民间所用，特
制龙凤图案的模型，因此有了"龙团""凤饼"等代表性贡茶产品，它们
以新、奇、巧、精为特色，茶品本身就是一流的艺术品。皇帝将纳贡的茶
叶用于一系列的宫廷礼仪之中。

（1）朝仪中融入了茶礼。唐代时，宫廷赐茶已经有了合乎礼仪的严
谨程式，赐茶对象包括近臣、家亲外戚，后扩大至学士高僧、戍边将士
和其他各种人等。宋代赐茶仪式更加丰富和常见，如朝廷春秋大宴，皇

▶ 《文会图》局部

帝面前要设茶床；皇帝出巡，所过之地赐父老绫袍、茶、帛，所过寺观赐僧道茶、帛；皇帝视察国子监，要对学官、学生赐茶；招待北朝契丹使臣亦赐茶，契丹使者辞行，宴会上还有赐茶酒之礼，据《宋史·礼志》载："宋代之制，凡外国使至及其君长来朝于内殿……赐茶酒。更喝拜谢，如前仪。"宋向辽、金、西夏等国派遣外交使节时，茶为必带的礼品。如宋贺辽主生辰，"有滴（的）乳十斤、岳麓茶五斤。"贺辽正旦则有"龙脑滴乳茶三十斤"（《宋会要·蕃夷》）。又如在宋贺金主礼中有芽茶三斤之记载。

（2）丧祭茶仪礼。贡茶最初主要用于祭祀礼仪中，南北朝时，贡茶除作为祭祀鬼神的冥品，更成为君臣共享的珍品。唐时，祭天祀祖要用茶，至宋代，祭先帝、先皇后忌日祭奠、宋代国丧礼、外国丧礼，用茶均是重要礼节。如，宋代国丧礼。宋代国丧，外国使者入吊，其仪式先后为上香、奠茶酒、读祭文。而后宋廷对入吊者赐予茶酒，宋英宗之前通常是赐酒，宋英宗即位后改为在紫宸殿命坐赐茶，"自是，终谅闇，皆赐茶"。

（3）婚嫁聘礼用茶。唐贞观十五年（641年），文成公主远嫁吐蕃王松赞干布，其陪嫁品中就有茶叶、茶具。宋王室也将茶引入婚嫁习俗之中，并作为定例执行。《宋史·礼志》载："宋代之制，诸王聘礼，赐嫁白金万两。纳采，用羊二十口，酒二十壶，彩四十匹，定礼，羊、酒、彩各加十，茗百斤。"

2. 元、明宫廷茶礼仪　　元代的统治者是马上民族，金戈铁马、弯弓射雕才是其最爱，中原的文化在此时受到了巨大的冲击。北方民族虽嗜茶如命，但主要是出于生活需要，对品茶煮茗的风雅之趣无动于衷，对宋人烦琐的点茶艺术更无兴趣。

因此，元代宫廷茶礼仪相对没有宋代繁多，但依然有贡茶、茶宴。因蒙古人爱喝奶茶，这种调饮饮用方式在宫中比较盛行。

▶ 朱元璋画像　　　▶ 武夷御茶园

明代，朱元璋"罢造龙团"，改贡芽茶，贡茶分御贡和岁贡茶两种。

武夷御茶园始自元代，明代嘉靖三十六年（1558年），建宁钱太守借口"茶枯"，改在延平府监制贡茶，从此，历时260年的武夷御茶园便彻底荒废了。

由于采用散茶进贡，贡茶产地扩大到江苏、安徽、浙江、江西、湖广、福建等地。当时，王公大臣、太监宫女等按份配茶，宫里设专门存放贡茶的茶库房。内府供奉皇帝宫廷的茶酒瓜果，置提督太监二人，防守甚严，闲杂人等不得擅入。明代的皇帝少有讲究饮茶的文化情调，而是把喝茶当作一种最普通不过的饮食习惯，茶饮伴随着皇室每天生活的始终，因此茶仪也没有唐宋时的奢侈、严格，较为简化。

3. 清代宫廷茶礼仪　宫内饮茶普及，贡茶产地进一步扩大，江南、江北的著名产茶地区都有贡茶，有些还是皇帝亲自指封的。宫廷内也设有专门的茶库房。日常饮品为清茶，另有武夷贡茶配制的"代茶饮"，最早贡茶只属帝后专用，后扩大到妃嫔和太子等也可以享用。宫廷茶事活动颇多。凡宫廷朝会、宴餐皆有进茶、赐茶之仪。如经筵赐茶、辟雍赐茶、犒劳赐茶等，皆有相关仪礼。茶宴名目更多。如清帝诞辰的万寿宴、皇后生辰的千秋宴、旨在加强民族、君臣关系的敬老的千叟宴、清帝每于年节款待宗室亲族的宗室宴、用于和邻睦邦的外藩茶宴等，茶在各种宴请礼仪中几乎无处不用。

　　宫廷茶礼仪在中唐以后逐渐丰富，至宋代宫廷成为正式的礼仪，赐茶体现天子"恩泽"、献茶体现臣子"忠心"，在各种程式中，亦维护了森严的等级礼制，构建了君主与臣子、学子等的伦理秩序与"和乐"的关系。同时也起到了友邦外邻、维护民族团结的作用。

二、文士茶礼仪

　　唐代以前，文人相聚，多以酒为媒介，前朝尚无茶会的记载。初唐时期文人依然充满酒神精神。然酒性暴烈，茶却俭朴平和，嗜酒者毕竟是少数，爱茶人却是数以千万计。中唐之后，茶叶生产迅速发展，茶风大盛，茶艺渐精，中唐以后更是出现了一种文人社交聚会的专门活动——茶宴，又称茶会、茗社、汤社。唐代文人认为茶性清，味淡，涤烦致和，和而不同，品格独高。他们高扬茶道精神，借茶宴倡导节俭。其中以皎然、灵一、

▶ 《文会图》局部

韦应物、元稹、卢仝、刘禹锡、白居易、杜牧、温庭筠、陆龟蒙、皮日休等人最为典型。由此也形成了独具特色的雅士茶礼，即文人士大夫举行雅集或茶会的礼节。

至宋代，宫廷茶仪已成礼制，民间斗茶风兴起，带来了采、制、烹、点的一系列变化，文人中出现了专业品茶社团。梅尧臣、苏轼、陆游、欧阳修、蔡襄、苏辙、黄庭坚、秦观、杨万里、范成大等一批文人以茶入诗、入文、入画，兴起了品茶文学、品水文学，茶文、茶诗、茶画、茶歌、茶戏等多种艺术形式的作品层出不穷，不胜枚举。

元代到明代初期，茶文化进入沉寂期，茶事活动日渐简约化。文人们常借茶表现自己的苦节，甚至开始把"茶"称作"苦节君"。一直到晚明清初，精细的茶礼仪再次出现。

文人们常常以茶养心怡神、淡泊明志，表明自己不伍于世流，不污于时俗，超然物外、与世无争的精神境界，在茶事活动中，无论是择茶、选水、配器，还是茶客、环境的选择，皆精益求精。

1. 茶品质量优异 善品茶的文人，都比较关注茶品质地。李白品仙人掌茶，欧阳修最爱双井茶，陆游随身携带日铸茶，苏轼访遍茶山、遍尝名茶，北宋大文豪苏轼甚至干脆以美人喻茶："从来佳茗似佳人"，文人们的爱茶之情也略见一斑了。

2. 水质清轻甘洁 "精茗蕴香，借水而发，无水不可以论茶。"文人煮茶，非常注重水质。如杨万里"以六一泉煮双井茶"，陆游"囊中日铸传天下，不是名泉不合尝"，都是品水的行家里手，非常懂得茶品与水质的和谐关系。

3. 茶器精致宜茶 文人雅集饮茶，其置茶、煎煮、品饮的器具非常齐全而且讲究。从唐代开始，越窑、邢窑等众多窑口的精致茶具，成为文人们的首选。唐代重白瓷、青瓷，宋代尚建窑兔毫盏，明代喜紫砂器具，各类品茗器具的流行，大大得力于文人们的选择与推崇。各时代茶器的变革

▶ 茶器

都是遵循器与茶相宜的原则。"茶滋于水、水藉乎器，汤成于火，四者相须，缺一则废。"

4. 主客彼此相宜　明代田艺蘅《煮泉小品》中写道："煮茶得宜，而饮非其人，犹汲乳泉以灌蒿莸。"明代许次纾《茶疏》记载："素心同调，彼此畅适，清言雄辩，脱略形骸"。

5. 礼仪完整规范　从洗茶、煮水、投茶、煎煮、分酌、品饮，都有严格的流程和规范。未曾汲水，先备茶具。必洁必燥，开口以待。盖或仰放，或置瓷盂，勿竟覆之。案上漆气食气，皆能败茶。先握茶手中，俟汤既入壶，随手投茶汤。丛盖覆定。三呼吸时，次满倾盂内；重投壶内，用以动荡香韵，兼鱼不沉滞。更三呼吸顷，以定其浮薄。然后泻以供客。则乳嫩清滑，馥郁鼻端。病可令起，疲可令爽；吟坛发其逸思，谈席涤其玄衿。"（明许次纾《茶疏》）其间细节，皆可见对洁净、精细的严格要求。

6. 环境幽静洁雅　文人茶宴对环境、时机要求甚多。明清茶人品茗修道环境尤其讲究，还设计了专门供茶道用的茶室——茶寮（liáo），使茶事活动有了固定的场所。心手闲适、披咏疲倦、听歌闻曲、鼓琴看画、访友初归、课花责鸟、小院焚香、酒阑人散之时，与"凉台静室、曲几明窗、僧寮道院、松风竹月。"（陆树声《茶寮记》）"清风明月、纸帐楮衾、竹床石

▶ 《事茗图》

枕、名花琪树"（明许次纾《茶疏》）"相伴，或会于泉石之间，或处于松竹之下，或对皓月清风，或坐明窗静牖。"明朱权《茶谱》，品茶况味，与境相和。

古代文人们在茶中得到了一种生理和心理上的愉悦，茶不仅可以激发他们的文思画意，也是他们的精神寄托，他们喻茶为"才子""佳人"，聚会时，茶、琴、棋、书、画、香缺一不可；馈赠时，茶是最珍贵的礼品。茶性的淡泊、清纯与文人所追求的淡泊、宁静、自然、节俭、朴实的品格，谦和的道德修养一致。文人们在求"精致"、尚"文雅"、重"意境"的品茶礼仪程式中，通过饮茶、制茶、烹茶、点茶时的身体语言和规范动作，陶冶了"内外兼修"的君子性情，塑造出"行仁守礼"的理想人格。

三、百姓茶礼仪

"茶事于唐末未甚兴，不过幽人雅士手撷于荒园杂秽中，拔其精英，以荐灵爽，所以饶云露自然之味。至宋设茗纲，充天家玉食，士大夫益复贵之，民间服习寖（jìn）广，以为不可缺之物。"（李日华《六研斋笔记》）

两晋之际，南方已有"客来敬茶"之习，唐以后，茶叶产销范围扩大，饮茶之风在民间开始普及，至宋代时，以茶待客已成为大众日常生活中的常见礼仪。

1. 宾主设礼，非茶不交 "迨至我朝，往往与盐利相等，宾主设礼，非茶不交。"（宋代林駉（jiōng）《古今源流至论续集》卷四《榷茶》）宾主对坐，桌案上总会摆着一副茶具、热着一碗茶。

元代基本沿用宋代的习俗。元代无名氏所撰的杂剧《冻苏秦衣锦还乡》第三折中写到，当苏秦与张仪话不投机争执起来后，一人每争说一句话，张仪的贴身侍从张千就在旁边喝一声"点汤"，并且还有这样一段有关点汤送客的戏词：

（张千云）点汤！（正末唱）咦！你敢也走将来喝点汤、喝点汤！（云）点汤是逐客。我则索起身。

这部杂剧借前朝衣冠人物记录了宋元时点汤送客的饮茶习俗。

▶《斗茶图》

▶ 辽代壁画《备茶图》

宋代"无茶不交"的待客之道，也传到了辽、金等北方少数民族，而金人对茶的痴迷比起宋代人有过之而无不及，向宋代索取岁贡时特别要求进贡茶叶。宋代洪皓《松漠纪闻》载，女真族权贵人家婚宴以后，主人会留贵客一起喝茶："宴罢，富者瀹(yuè)建茗，留上客数人啜之，或以粗者煎乳酪。"

2. 邻里和睦，茶水往来 敬茶也是改善邻里关系、促使邻里和睦相处的有效方式。据宋代孟元老《东京梦华录》记载，当时首都汴京（今开封）居民热情好客，如有外人来京居住，或是京城人乔迁新居，邻里皆会来献茶汤。或者请到家中来吃茶，称为"支茶"，以表达相互友好及今后互相关照之意。南宋时期的首都临安（今杭州），也继承了这种良好风尚。南宋吴自牧著《梦粱录》载道：

> "杭城人皆笃高谊……或有新搬移来居止之人，则邻人争借助事，遗献汤茶。""相望茶水往来。""亦睦邻之道，不可不知。"

到了明代，杭州人仍然保持着这种茶俗。据明代田汝成编著的《西湖游览志余》卷二十记载：

> 立夏之日，人家各烹新茶，配以诸色细果，馈送亲戚比邻，谓之七家茶。富室竞侈，果皆雕刻，饰以金箔，而香汤名目，若茉莉、林禽、蔷薇、桂蕊、丁檀、苏杏，盛以哥、汝瓷瓯，仅供一啜而已。

这种"七家茶"习俗一直在杭州地区流传，直到今天，每年立夏之日，杭州茶区的茶农要用当年采摘制成的新茶沏泡茶汤，配以各种茶点，送给亲友和邻居品尝。赠送的范围一般是左邻三家和右邻三家，加上自己一家共为七家，故称"七家茶"。在江苏的一些地区如今也保留此风俗，即在立夏之日要用隔年木炭烹茶以饮，但茶叶要从左邻右舍中相互求取，也称之为"七家茶"。从以上茶俗足以看出，茶叶作为邻里之间和睦友爱的媒介由来已久。

3. 茶入生活，礼仪丰富 至元代，茶与百姓日常生活的联系更为紧密，正如元杂剧《逞风流王焕百花亭》第一折所唱"教你当家不当家，及至当家乱如麻。早晨起来七件事，柴米油盐酱醋茶。"明人丘溶所著的《家常礼节》中更把茶礼列为重要内容，这些都表明了茶礼仪的大众化和普遍性。

清末民初，世家大族以茶待客，讲究三道茶：一杯接风，二杯畅谈，三杯送客。文人家居，茶成为抚琴读诗的助兴之物。出外野游，约了好友提了茶炉于郊野品茶也是一种乐趣。京师盖碗茶、福建工夫茶等百姓茶事也大为兴起。

社会交往中，茶馆成为主要的饮茶场所。以北京为例，清末民初，茶馆遍于全城，有专供商人洽谈生意的清茶馆，有饮茶兼品尝食品的贰浑铺，有表演说书曲艺的书茶馆，有容纳三教九流的大众茶馆，也有供文人笔会、游人赏景的山野茶馆。总之，各类大小茶馆应有尽有，满足着各阶层人们友好交往、休闲生活的需求。

▶ 话剧《茶馆》

民国之后，来茶馆喝茶的散客越来越少，许多茶馆改为戏园，并且率先成为接待女性客人的社交场合。而因为社会各色人等都习惯于来到茶馆寻找友情、互助，交流社会见闻、新潮思想，一个小茶馆的变迁就能透射出一个时代的风云变化。老舍先生创作的著名话剧《茶馆》，便是通过北京一个叫裕泰的茶馆发生的故事，揭示了中国近半个世纪人们社会生活的跌宕起伏。

百姓茶礼仪，虽没有宫廷茶礼仪的等级森严，也没有文士茶礼仪的文雅与精致，但同样表达尊敬之意，也是调和人际关系的媒介。在实实在在的生活中，以茶相交是老百姓快乐生活的普遍方式。

四、宗教茶礼仪

我国是一个拥有多种宗教信仰的国家，主要有五大宗教：道教、佛教、伊斯兰教、天主教、基督教。道教是中国本土宗教，其他皆是外传入内的。茶性洁净，与各教教律皆能相融，因此茶是各宗教门徒们通用的饮品。

茶与宗教的关系密切，道教作为本土宗教与茶结缘最早，茶最先是道教人士助道成仙之饮。唐代高祖"兴道抑佛"，使道教在唐初得到较大发展。到了宋代，随着茶业的飞跃发展，道教徒种茶饮茶之风愈演愈烈，道观里还专门设有"茶头"，在"三清"，即道教体系中地位最高的三位尊神玉清——元始天尊、上清——灵宝天尊、太清——道德天尊的神像前供茶。

伊斯兰教、天主教、基督教，亦兴茶饮，其饮茶时的礼节礼仪皆通常与教义相结合。如，"穆圣（即真主的使者和先知穆罕默德）禁止在水杯里吹或者吐。伊斯兰教禁止用金银器皿喝水或者喝饮料，认为那样是真主安拉禁止的，是非法的行为。"所以人们喝水时不要向水杯中吹或者吐气，而应该"温柔地啜吸，不要咕噜咕噜地连饮。"倒茶的顺序，也应如穆圣教导的那样"从右面开始"。

对茶事最为热衷的当数佛教，俗语有云："自古名寺出名茶"，"自古高僧爱斗茶"。茶的自然属性与禅宗修行方式的高度契合最终催生了"茶禅一味"的禅茶文化之花。

1.《禅门规式》，茶礼列入禅院清规 佛教自两汉之际传入中土，期间经历了一系列与中国本土文化冲击、碰撞、影响以致融合的过程，到隋唐时期，终于达到了鼎盛时期，同时也达到了与中国传统文化最大程度的融合。随着佛教中国化的完成，唐代时禅宗的地位和影响已相当高远。在陆羽等人的倡导下，饮茶之风更盛行于禅林僧侣之间，并形成茶宴、茶礼。唐德宗兴元年（784年），怀海百丈禅师创立首部禅林法典《禅门规式》（又

▶ 怀海百丈禅师画像

称《古清规》《百丈清规》），以名目繁多的茶礼来规范寺院茶事活动，使饮茶过程中的一水一汤、一招一式都有了明确的规定，饮茶制度被纳入了丛林清规之中。佛教茶礼的显著特点在于其等级性和严格的模式、固定的程序，它是在民间茶礼仪传入寺院后，加以佛教化改造形成的。百丈《禅门规式》完成以后，天下丛林"如风偃草"，都依此规管理寺院中的诸事务。虽然《禅门规式》的纸本后来散佚，但其中规定的仪式规制一直是寺僧们日常奉行的准则。

宋代，饮茶成了禅寺的"和尚家风"，不仅是僧人们日常生活中不可缺少的内容，更成为寺院制度的一个重要组成部分。

《景德传灯录》卷二六载："晨起洗手面，盥漱了吃茶。吃茶了佛前礼拜，归下去打睡了。起来洗手面，盥漱了吃茶。吃茶了东事西事，上堂吃饭了洗漱。漱洗了吃茶，吃茶了东事西事。"

饮茶为禅寺制度之一，寺中设有"茶堂"，役僧中有"茶头"，专管茶水，按时击"茶鼓"召集僧众饮茶。寺门前还会有"施茶僧"，为来往信徒惠施茶水。

2. 径山茶宴,禅院茶礼经典样式　各寺庙崇尚饮茶，且生产、研究、宣扬饮茶，"茶宴"之风在禅林及士林中更为流行，其中最负盛名且在中日佛教文化、茶文化交流史上影响最为重要的当推"径山茶宴"。

径山茶宴历史悠久，曾是杭州径山兴圣万寿禅寺（简称径山寺）僧人特有的以茶待客的宴请仪式。径山寺始建于唐大历四年（769年），兴盛于宋元时期，南宋时成为皇家功德院，被誉为"东南第一禅院"，"径山兴圣万寿禅寺"之名乃是南宋乾道二年（1166年）时宋孝宗游览径山亲笔御赐，故而径山茶宴最早可追溯至唐代，两宋时影响覆盖江南，成为最著名的寺院茶会。

径山茶宴有一套颇为讲究的严格程序和隆重的仪式，其中张茶榜、击茶鼓、恭请入堂、上香礼佛、煎汤点茶、行盏分茶、说偈吃茶为茶宴的核心部分，分为点茶、献茶、闻香、观色、尝味、叙谊等程序。径山茶宴有专用茶具，所用茶叶亦为上等末茶。茶室内放有精致的茶盒子，内置砂壶、茶盏、锡制茶罐等物。举行茶宴是径山寺僧修行生活中的重要事项，若以待客则非上宾不举行。茶宴经常在由大慧宗杲（gǎo）禅师所建的明日堂举行，堂内摆设整齐清洁，并配有诗画和时新鲜花。宾主在茶桌前就座后，先由主人（常为住持僧）亲自冲点"佛茶"（即注茶），以示敬意，称"点茶"；然后依次给来宾奉上香茶，名为"献茶"，先客后己，以半盏为度，宾主互相致礼，各自举盏闻香、观色，再捧盏呷（xiā）茶半口，啜饮，细品茶味，并且要发出啧啧之声。此一动作连续四次，称"行茶"。毕，客人称谢，主人则谦让答礼。再由司客先客后主再次注茶，宾主或师徒间以"参话头"的方式评茶论事，谈佛诵经，机锋偈语，慧光灵现。径山茶宴是禅院茶礼仪中的经典样式。

南宋端平年间，日本佛教高僧圆尔辨圆（1201—1280年）在径山寺求法，回国时就带去了茶籽，并传播径山茶研制法。随后大禅师南浦绍明（1236—1308年，谥号"元通大应国师"）入宋求法，在径山寺修学五年，归国时带回中国茶典籍多部及径山茶宴使用的茶盒子、饮茶器具等，从而将径山茶宴完整地传入日本，并逐渐形成了日本茶道。因此，今天的日本佛教界认为日本茶道的故乡在中国径山。这种茶道，本来只是日本幕府高层社会的一种礼仪，16世纪中叶，日本的千利休禅师将茶道推广普及到民间，于是流传更广。

综上所述，自唐代陆羽《茶经》问世后，茶风迅速普及，"惟饮之为道，酒正著于《周礼》，茶事详于季疵。……由唐迄今，无论宾祀燕飨，宫省邑里，荒陂穷谷，脍炙千古。"（清·曾元迈《茶经序》）而陆羽在《茶经》中所规范的茶礼仪，得到皇家认可，并伴随饮茶的推广，由上而下，不断深入各阶层，与地域、民族风俗和宗教信仰等相结合，从而得到多元化发展与传承。

到 20 世纪初，中国茶已经更加广泛地为世界各国所知，中国的饮茶礼仪也逐渐传至西方，走向世界。

拓展阅读

图　腾

"图腾"一词来自北美印第安阿尔昆琴部落的古老语言"totem"，意即"他的族类"，因 1791 年在伦敦出版的英国人类学家朗格所著的《印第安旅行记》一书中首次提及而为世界所知。1903 年，我国近代著名的翻译家严复将"totem"译为"图腾"，并介绍到中国。此词虽为北美印第安语，但由于"图腾现象"是原始时代世界的普遍现象，故已成为学术界指认这类现象的通用术语。

大体来说，图腾现象可分为以下几类：

一是将某种动植物或无生命物当作祖先，自己族群则为其后代；

二是将某种动植物或无生命物视作亲属，自己族群亦为同类；

三是将某种动植物或无生命物当作保护神；

四是将某种动植物或无生命物视作开天辟地的造物主。

"totem"的第二个意思是"标志"，就是说它还要起到某种标志作用。"图腾"在原始社会中起着重要的作用，它是最早的社会组织标志和象征，它具有团结群体、密切血缘关系、维系社会组织和互相区别的职能。同时，人们通过图腾标志，得到图腾的认同，受到图腾的保护。图腾标志最典型的就是图腾柱。如浙江绍兴出土的战国时古越人铜质房屋模型，屋顶立一图腾柱，柱顶塑一大尾鸠。还有故宫里几处立着的供祭天所用的"索伦杆"，其上端有一个碗状的锡斗，放碎米和切碎的猪内脏等供神鸦、喜鹊叼啄食用，这都是由图腾柱演变而来的。

▶ 图腾柱

图腾作为崇拜对象，主要的不在于它所表现的自然形象本身，而在于它所体现的血缘关系。图腾崇拜的意义也就在于确认氏族成员在血缘上的统一性。人与图腾有什么关系？有三种认识：

▶ 索伦杆

(1)图腾是自己的血缘亲属，他们用父亲、祖父母等亲属的称呼来称呼图腾，并以图腾名称作为群体名称。

(2)图腾是群体的祖先，认为群体成员都是由图腾繁衍而来。

(3)图腾是群体的保护神。这是人类的思维有了一定发展后，意识到自己与兽类之间有很大差异，他们不再认为图腾可以造人，但图腾祖先的观念根深蒂固，于是产生了图腾保护神的观念。

图腾作为民族的崇拜物和民族标志，常常对这个民族的文化和民族心理会产生巨大的影响。中国以龙为图腾，在中国古代诗文中，涉及龙的内容几乎随处可见。《周易》作为中国最早的哲学著作之一，在很多方面都反映了中国古代人民的思想意识。《周易》中的乾卦，是开篇第一卦，其卦文均以龙为象征："潜龙，勿用""见龙在田，利见大人""或跃在渊，无咎""飞龙在天，利见大人""亢龙，有悔""见群龙无首，吉"。龙是中国先人们的崇拜物，是图腾，从《周易》的这些记载中足以得到印证。就因为如此，龙成了中华民族的

▶ 龙图腾

象征，皇帝是龙的化身，因此把皇帝称为真龙天子，秦始皇被称作"祖龙"，中国各族人民成了"龙的传人"。由于龙的这种至高无上的地位，人们编出了许多有关龙的故事，形成了许多与龙有关的民俗。在汉语词汇中，与龙有关的词也多到不可胜数。

拓展阅读

法门寺地宫出土的茶器

1987年4月3日，法门寺地宫出土了系列银质鎏金的宫廷茶器，根据同时出土的《物账碑》记载："茶槽子、碾子、茶罗子、匙子一副七事共八十两"。七事是指茶碾子、茶碾轴、罗身、抽斗、罗盖、银则、长柄勺等，为迄今世界上发现最早、最完善、最精致的茶器文物，从铭文看，制作于唐咸通九年至十年(868—869年)。这批茶器之所以藏入地宫，缘于唐代皇帝对佛骨舍利的崇拜，舍利是佛教圣物，法门寺的指骨舍利是最有名的真身舍利，自唐太宗诏令开示佛骨以后，三十年一开成为惯例。唐中宗、唐睿宗以及武则天等皇帝，皆以帝国最高礼仪迎奉佛祖真身舍利，法门寺也成为大唐帝国的皇家内道场。咸通十五年正月，小名"五哥"的唐僖宗下诏送还佛骨，归藏法门寺地宫，因佛有茶汤供养的仪规，僖宗便供上了这套茶具，并按密教曼荼罗坛场的仪规放置，此举为唐代帝王礼佛画上一个美满的句号，自此地宫封闭，直到1113年后重新出现在世人面前，成为研究唐代宫廷茶文化、唐代佛教茶礼仪的重要物证，其包含的文化信息，具有不可估量的价值，在此介绍几款法门寺地宫出土的茶器，从中即可一窥唐代宫廷茶器的富贵气派。

1.金银丝结条笼子 通高15厘米，长14.5厘米，宽10.5厘米，重355克。此笼子以金丝和银丝编结而成。笼体为椭圆形筒状，上有盖，下有足。盖呈四曲，顶部以金丝编织成盘旋而上的七层锥状物，或是象征"七级浮屠"。盖口与笼口以子母扣扣合，上下口及底边均以鎏金银片镶口。笼体两侧结出提梁，提梁与笼盖以长链相连接。底有四足，足为狮形兽面，足底分成四叉，盘卷起来，整个笼体编

▶ 金银丝结条笼子

结成网眼形，笼底亦镂空，原有木片垫底，出土时木片已朽。此器制作精巧细腻，玲珑剔透，是唐代金银工艺中绝无仅有的精品，代表了晚唐时期金银器制作工艺的最高水平。

这件笼子为当时宫廷茶具中的烘焙器。茶叶的储藏保管自古以来就备受重视。唐代饮用的茶为团茶，为了使茶干燥且色、味不减，需将团茶装入吸热方便又易于散发水气的茶焙之中，烘去茶的水分。一般茶焙多用竹编织而成，而法门寺出土的是唐代的皇室茶具，为显其尊贵而用金、银丝编织而成。

2.鎏金鸿雁流云纹茶碾子　通高7.1厘米，长27.4厘米，槽深3.4厘米，辖板长20.7厘米，宽3厘米，重1.168千克。浇铸、锤鍱成型，纹饰填金。由碾槽、辖板和槽座组成。碾槽尖底，呈半月形，口沿平折，与槽座焊接。槽口可插辖板，辖板呈长方形，两头作云头状。板面中间焊接一宝珠形捉手，上下两端

▶ 鎏金鸿雁流云纹茶碾子

均作云头状。碾槽嵌于槽身内。辖板捉手两边各饰一飞鸿、回首相顾、空间衬以流云纹。前后座壁各镂有桃形孔二、壶门三、门间饰天马一对，相对腾空奔驰，并缀以云纹。座底周侧均饰对花图案。为当时奉献模型、非实用器。说明早在唐代，中国吃茶的习俗，是先将茶叶碾碎，然后将茶末烹煮或是将茶末冲调成汤后再喝。从而为古籍所载"吃茶"一词提供了佐证。碾轴上刻有"五哥"字样，僖宗即位前的昵称，说明此为唐僖宗的专用茶器。

3. 鎏金仙人驾鹤纹壶门座

茶罗子 罗高 9.5 厘米、罗长 13.4 厘米、宽 8.4 厘米、屉长 12.7 厘米、宽 7.5 厘米、高 2 厘米、重 1472 克。锤击成型，纹饰鎏金。器形为长方体、由盖、罗、罗架、屉、器座组成。

▶ 鎏金仙人驾鹤纹壶门座茶罗子

顶盖面錾两体首尾相对的飞天，头顶及身侧衬以流云。盖刹四侧各饰一和合云纹，两侧还饰如意云头，刹边饰莲瓣纹，盖立沿饰流云纹。罗架两侧刻有头束髻、着袭衣的执幡驾鹤仙人，另两侧錾相对飞翔的仙鹤，四周饰莲瓣纹。罗、屉均作匣形。罗分内外两层，中央罗网。屉面饰流云纹，有环状拉手。罗架下焊台形器座，有镂空的桃形壶门。罗底刻："咸通十年文思院造银金花茶罗子一副，全共重卅七两，匠臣邵元、审作官臣李师存、判官高品臣吴弘悫、使臣能顺"。

在此之前，从未出土过唐代茶罗，此为独例、弥足珍贵。自碾自罗，是唐人酝酿品茶情趣的重要过程。陆羽在《茶经》中主张碾罗器要用竹木制成，此为银质鎏金，颇显帝王之非凡气派。

4. 鎏金银龟盒　通高13厘米，长28厘米，宽15厘米。分体焊接成型，纹饰鎏金，整个造型呈龟状，引颈昂首，瞠目张口，四足外露，以背壳作盖，内焊椭圆形子口架。龟首及四足中空，龟首与腹部先套合后焊接，尾与腹亦焊接。

▶ 鎏金银龟盒

背部饰龟背纹，外围鳞纹一周，首与四腿饰斜方格纹，内填蓖纹，下颈、胸部饰双弦纹数道，以锥点纹作衬托，腹部满饰花蕊纹。造型手法写实，纹样逼真。取茶末时，既可揭盖（甲）舀取，也可以龟口中倒出，十分方便。银盒作龟状，取龟吉祥长寿之意，既显示了皇室的高贵富丽，又隐含饮茶有益长寿。

5. 系链银火箸　唐人喝茶的方式是直接在风炉上煮茶，烹煮的过程中必须一面往风炉扇入空气以助燃，并不时拨动炭火来调整火

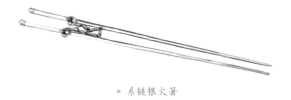

▶ 系链银火箸

力。此件系链银火箸即是用来夹取、拨动炭火的火夹。长长的筷子以银链相系，更方便拿取和收放。此火箸素面无纹，尾端做成头小花苞装，虽是煮茶程序中的小道具，却也经过精心打造。

6.鎏金蔓草纹长柄银匙：烹茶时用这个搅拌茶汤或拍击汤面，能让茶末更好地融于水中。通体刻有蔓草纹，简单的造型中流露着精致之美。

▶ 鎏金蔓草纹长柄银匙

这批地宫出土的华丽茶具，多数是银质并饰以鎏金工艺，其做工精细、风格华贵，唐代贯以"银金花"来形容之。地宫除了大量的银金花茶具面世之外，地宫中还有供奉皇室使用的秘色瓷茶碗，以及当时极为珍稀的琉璃（即早期的玻璃）茶碗、茶托一副。

7.素面淡黄绿色带托琉璃茶盏　这件带茶托的茶盏，通体一色，为淡黄绿色，有光亮透明感。茶盏侈口，腹壁斜收，圈足低矮。茶托口径稍大于茶盏，足圆盘状，中部下陷，正好与茶盏圈足相配，使茶盏稳定于茶托之上。茶托下部有高圈足，以便托盏饮茶。整体造型，原始质朴。

金、银、瓷、琉璃等材质制成的宫廷茶器，是唐代茶器制作技艺辉煌成就的典型代表，呈现出唐代宫廷雍容华贵的气度，印证了陆羽将茶饮列入礼制得到皇家认可。同时，也从侧面反映了唐代茶文

▶ 素面淡黄绿色带托琉璃茶盏

化的阶段性，中国茶饮历经从民间、山林寺院、皇宫富邸、再向民间而成为"比屋之饮"，茶器也由朴质发展到奢华，把品茗技艺推向巅峰，然后再在民间走向生活化，成为"柴米油盐酱醋茶"的日用之物。

（以上图文资料由法门寺文化景区友情提供）

第三章　个人茶礼仪

　　礼义之始，在于正容体、齐颜色、顺辞令。容体正、颜色齐、辞令顺、而后礼义备，以正君臣、亲父子、和长幼。

——《礼记·冠义》

礼仪，就是通过穿衣打扮，在交谈中，在品茗中，在举手投足中，所表现出来的风度，也正是一个人的道德品质、文化素养等精神内涵的外在表现。

第一节　仪容仪表规范

《礼记·祭义》中写道："心中斯须不和不乐，而鄙诈之心入之矣。外貌斯须不庄不敬，而慢易之心入之矣。"古人认为保持符合礼仪的容貌，有利于保有或养成内心的德行。礼容之美，来自对"仁"的体认与逐步接近，只有真正的仁者，才能达到内心之美与容色之美的高度和谐。

在现实生活中，仪容仪表是外在的形象，而内在的气质正是仪容仪

▶ 礼容之美

表、言行举止反映出来的。所以人际交往不但要讲究美丽的容貌、得体的服饰、精心的装扮，更要讲究不受年纪、服饰及打扮局限的内在气质美，这才能真正展现一个人的人格魅力。

气质美首先展现的是丰富的内心世界，没有理想的追求，内心空虚贫乏，是谈不上气质美的。

品德是气质美的另一重要方面，为人诚恳、心地善良是不可缺少的。

此外，还需胸襟开阔、内心安然，这就涉及平时的修养。

而以"敬、静、净、精、雅"为特征的茶礼仪正是培养高雅气质的途径。

一、着装要求

茶事活动是一种高雅和谐的社交活动，外表整洁端庄、得体大方是对参加者的基本要求，是最基本的礼貌，也是尊重他人的外在体现和获得尊重的基本要素。一般来说，外在美的展示首先体现在容貌、服饰和言行等仪容仪表方面。就服饰而言，是否合体取决于个人选择服装的技巧与艺术。生活中，应根据不同场所选择搭配服饰：如在商务往来的茶会中，通常以简洁大方的套装为佳，或是穿特色鲜明的中式装；如果参加中国传统节日的茶宴茶会，则选择合体的专用茶服更能融入氛围中。在进行正式的茶道演示或是表演时，展示茶道文

着装

▶ 中式服装

▶ 茶道文化者的职业服饰

化者的服饰属于职业服饰，应具有职业服饰的基本特征，即实用性、审美性和象征性，以充分体现茶文化传播者这一身份的个性，故能体现中国风的中式服装往往成为首选。在此基础上，着装还要符合和谐、含蓄和整洁的要求。

1. 和谐　衣着之美，很大程度上在于"相称""得体"，就是使服装的款式、颜色、搭配与个人职业相得益彰，同时又与自己的年龄、肤色、身材和谐一致，体现出良好的风度。作为泡茶师，服装的颜色、式样与茶具、环境、时令、季节要协调，这样，能营造更加优雅舒适的"品茗环境"。如

▶ 民族特色服装

果是正式的茶道演示或茶艺表演，则服装还要与茶道节目的整体编排设计相协调，给观赏者一种和谐的美感，更为茶事活动增添一道流动的风景。如展示唐代宫廷茶礼时，表演者优先选择体现宫廷特色的服装；展示民族饮茶习俗时，就应穿着反映民族特色的服装；再如表现江南文人雅士品茗活动的"文士茶"时，风格以静雅为主，讲究饮茶人士之儒雅、饮茶器具之清雅、饮茶环境之高雅；讲究汤色清、气韵清、心境清，以达到修身养性的最高境界。在文士茶艺表演中，表演者应着江南传统服装，体现温文尔

雅、端庄大方、清雅朴素的儒士之美，将文人雅士追求高雅、不流于俗套的意境恰到好处地展现出来。

此外，还可以根据季节来选择适宜的服装，春季可选择淡色着装，冬季可选择暖色着装。总之，茶事活动中服装不宜太鲜艳，应与安静轻松的品茗环境、俭朴平和的茶道内涵相吻合。

2. 含蓄 "含蓄"通常被视为中国传统的服饰美的最高境界。"茶性俭""行俭德之人"，茶道作为一种蕴含中华民族传统审美观的生活艺术，其参与者的服饰自然以含蓄为最美。在当代，茶事活动中的着装应体现出民族传统与时代元素的巧妙融合，解决好藏与露的"适度"关系，使"藏"能起到护体和遮羞的效果，使"露"能起到展示人体自然美的作用，朦胧含蓄，婉约别致，体现出茶文化的清雅韵致。

3. 整洁 如前所述，"净"是茶礼仪的特征之一。茶是圣洁之物，冲泡后直接奉给客人品饮。因此，进行茶叶冲泡或是茶道演示时，服饰的整洁显得尤为重要。整洁的服饰可以衬托出冲泡者良好的精神面貌，使人享受到一种视觉美感，进而产生舒适和安全感。在进行茶叶冲泡的过程中，还要注意防止袖口沾到茶具或茶水，给人不洁的感觉。

近年来，还出现了专用茶服，它们的设计多以"静、清、柔、和"为特点，遵循素雅风，呈现出宽简、质朴、舒适、大方的视觉效果。

▶ 整洁的服饰

二、修饰要求

1. 淡雅的妆容 茶是淡雅之品，参加茶事活动时，忌浓妆艳抹，避免使用气味浓烈的香水，以免影响茶香，破坏品茗的氛围。进行茶叶冲泡或是茶艺表演时，应施以淡妆、表情平和放松，面带微笑，展示出良好的精神面貌，表达对客人的尊重。特别要注意的是，男性泡茶师一定要将面部修饰干净、不留胡须，保证面容的整洁。

修饰

2. 清爽的发型 头发整洁、发型大方是对泡茶师发式美的最基本要求。发型的选择原则上要扬长避短，适应自己的脸型和气质设计，应给人一种灵动、清纯、整洁、大方的感觉。

➤ 盘发发型示例

一般说来，茶艺人员的头发不宜染色，且不论头发长短，额发均不可过眉，不能影响视线。如果头发长度过肩，泡茶时应将头发盘起。盘发发型、应简单大方，不要过于复杂，还要与服装相适应。

3. 洁净的双手 茶事活动中，泡茶师首先要有一双干净的手，要求指甲及时修剪整齐，不留长指甲，不涂指甲油，特别要避免手上留有浓烈的护手霜或是其他异杂的香味。手臂上佩戴的饰品以小巧点缀为宜（如玉手镯），应避免过于宽大和晃动的饰品，如手链、戒指等（展示少数民族民俗茶文化时例外），因为这些饰品会喧宾夺主，还可能碰击茶具，发出不协调的声音。此外，其他辅助的参加人员保持手部的干净也是基本的礼仪要求。

▶ 泡茶师佩戴的饰品

第二节　仪态举止规范

茶事活动中，仅注重仪容仪表是不够的，还要讲究仪态之美。仪态，又称"体态"，是指人的姿态与风度。姿态是指身体在站、坐、行、蹲等各种形态中所呈现的样子；"风度"指人的言谈、举止姿态（《辞海》），《现代汉语词典》中将"风度"释为"美好的举止姿态"。风度是以内在素质为基础的长期生活习惯、性格、品质、文化、道德和修养的自然流露。

举止姿态的表现形式是多种多样的，人的头部、脸、躯干、腕、手指及腿、脚等十几个主要部位，几乎都可以传情达意。人的基本体态可以分为站姿、坐姿、走姿、蹲姿和卧姿四大类，通常呈现在公众面前的是站、坐、走三类。优美的站、坐、走的姿势，是发现人的不同质感的动态美的起点与基础，同时也是一个人良好气质和风度的展现。俗语说：站如松、坐如钟、行如风，这是自古以来对正确的站姿、坐姿和走姿的形象概括。现代茶事活动中，对站姿、走姿、手势、眼神、笑容等仪态的规范，以"尊重"为原则，以体现出个人"美"的风度与神韵为关键。具体而言，对参会者尤其是从事茶道工作者的举止姿态有如下要求。

一、站姿

"立如松"，即站立时如同青松一样挺拔，这种静态美是
发展成各种动态美的起点和基础。

标准站姿的动作要领：

（1）身体舒展直立，<u>重心线穿过脊柱</u>，落在两腿
中间，足弓稍偏前处，并尽量上提。

（2）精神饱满、面带微笑、双目平视，目光柔和
有神，自然亲切。

（3）脖子伸直，头向上顶，下颚略回收。

（4）挺胸收腹，略为收臀。

（5）双肩后张下沉，两臂于裤缝两侧自然下垂，
手指自然弯曲，或双手轻松自然地在体前丹田处交叉
相握。男士也可双手交叉放在背后，置于髋骨处，两
臂肘关节自然内收，双手虎口交叉左手在上，女性双
手虎口交叉，右手在上。女性也可以采取侧立姿势，
双脚呈"丁"字形，左脚在前，右脚在后。

► 标准站姿

（6）两腿肌肉收紧直立、膝部放松。女性站立时，
脚跟相靠，脚尖分开约45°，呈V形；男性站立时，双脚可略为分开，但
不能超过肩宽。

（7）站立太累时，可变换为调节式站立，即身体重心偏移到左脚或右
脚上，另一条腿微向前屈，脚部要放松。无论哪一种姿态，均应注意不要
耸肩歪脑，不可双手叉腰，不可抱在胸前，不可插入衣袋。眼睛不要东张
西望，身体不要抖动摇摆，更不要东倒西歪。

由于日常活动的不同需要，还可采用其他一些站立姿势。这些姿势与
标准站姿的区别，主要通过手和腿脚的动作变化体现出来。例如，女性单

独在公众面前或登台亮相时，两脚呈丁字步站立，显得更加苗条、优雅。需要注意的是，这些站立姿势必须以标准站姿为基础，与具体环境相配合，才会显得美观大方。

小贴士

站姿训练方法：

1.五点靠墙　背墙站立，脚跟、小腿、臀部、双肩和头部靠着墙壁，以训练整个身体的控制能力。

2.双腿夹纸　站立者在两大腿间夹上一张纸，保持纸不松、不掉，以训练腿部的控制能力。

3.头上顶书　站立者按要领站好后，在头上顶一本书，努力保持书在头上的稳定性，以训练头部的控制能力。这种训练方法可以纠正低头、仰脸、歪头、晃头及左顾右盼的毛病。

二、坐姿

坐姿

"坐如钟"，端庄优美的坐姿，会给人以文雅、稳重大方、自然亲切的美感。坐姿不正确会显得懒散无礼，有失高雅。坐姿不仅包括坐的静态姿态，同时还应包括入座的动态姿态。"入座"作为坐的"序幕"，"起座"作为坐的"尾声"，是坐不可分割的两个部分。

在参加茶事活动时，如果与他人一起就座，应该礼貌有加地邀请对方，并与对方同时就座，不能与别人争座。入座之后也要讲究方位，座次的尊卑要分清，要主动将上座让给尊长。

1. 入座时　从座位的左边入座，背向座位，双脚并拢，右脚后退半步，使腿肚贴在座位边，轻稳和缓地坐下，然后将右脚并齐，身体挺直。

▶ 坐姿

如果是男士，落座前稍稍将裤腿提起；如果是女士入座，若穿的是裙装，应整理裙边，用手沿着大腿侧后部轻轻地把裙子向前拢平，免得"春光外露"。并顺势坐下，不要等坐下后再来整理衣裙。这样能够显示出自己的礼貌。与别人面对面就座时，要将自己的背部靠近座椅，右脚后撤，使腿肚与座椅边贴近，再轻轻地坐下，不能出声。

2. 坐定时　基本要求是端庄、大方、文雅、得体。

（1）坐在椅子或凳子上，必须端坐中央，使身体重心居中，否则会因坐在边沿使椅（凳）子翻倒而失态；腰背直挺，手臂放松，男士双膝可并拢或略微分开，也可以向一旁倾斜，两脚平稳着地。在公共场合，在沙发与椅子上就座，最好不坐满，正襟危坐，表示恭敬、尊重对方，双目正视对方，面带微笑。女性应该牢记"坐莫动膝，立莫摇裙"。女士的坐姿要温文尔雅，轻松自然。

（2）与人交流，要将双手搭在沙发的扶手上，手心不可朝上；双手亦可相交，也可放在腿上。还能将左手掌搭在腿上，右手掌可以搭在左手背上，这种坐姿显得娴熟大方。谈话中手脚不可盲目乱动，手舞足蹈更不可取。除与你亲密无间的客人之外，一般不在沙发上平躺，否则显得有失尊重。

（3）作为泡茶人员，双手不操作时，自然交叉相握放于腹前或手背向上，四指自然合拢呈"八"字形平放在操作台，右手放在左手上；男性双手可分搭于左右两腿侧上方，或是在操作台上自然半握分放两侧。全身放松、思想安定、集中、姿态自然、美观，面部表情轻松愉快，自始至终面带微笑。行茶时，挺胸收腹，头正臂平，肩部不可因操作动作改变而倾斜。切忌两腿分开或跷二郎腿，或是不停抖动、双手搓动或交叉放于胸前、弯腰弓背、低头等。

3. 离座时 需要注意礼仪，一般来说有以下四个程序：

（1）注意先后顺序。 身份高者要先离座，身份相当者可同时离座。

（2）起身轻稳。 离开座位时动作要缓慢，不能用力过猛，更不宜发出声响。

（3）自左向右离开。应同入座一样。坚持"左入左出"的原则，礼貌要始终如一。

（4）站稳脚跟再离开。离座时要稳当自然，右脚向后收半步，用力蹬地，起身站立，右脚再收回与左脚靠拢，移步要从容。女士同时要注意将衣裙拢齐整。站好再走可以保持动作稳健，跌跌撞撞或匆忙离去，则会表现出举止轻浮。

小贴士

在正式场合就座，以下几种坐姿要避免：

双腿叉开过度；

高抬"二郎腿"或"4"字形腿；

腿脚摇晃抖动；

摇头晃脑，东张西望：弯腰曲背或上身前倾过度；

双手端臂、抱脑后、抱膝盖、抱小腿、放于臀部下面；

双腿前伸、脚尖指向他人；

坐下后任意挪动椅子。

这些姿势不利于主宾之间建立和睦亲切、友好轻松的关系。到朋友、亲戚家做客，坐姿可随便一些，不必正襟端坐，但也不能有失大礼。

"坐如其人"，坐姿也是一个人素养和个性的集中体现。得体的坐姿能够塑造成功社交者的良好形象，而坐姿不当，容易让人觉得你缺乏素养。

三、蹲姿

在进行茶事服务过程中，当需要取低处物品或拾起落在地上的东西时，如果直接弯下身体翘起臀部，既不雅观，也

蹲姿

不文明。而采取正确的下蹲姿势就要雅观得多，在此介绍两种常用的下蹲姿势。

1. **交叉式蹲姿** 下蹲时右脚在左脚的左前侧，右小腿垂直于地面，全脚着地，左腿在后与右腿交叉重叠，左膝由后面伸向右侧，左脚跟抬起脚掌着地，两腿前后靠紧，合力支撑身体；臀部向下，上身稍向前倾。此种姿态较适合女士采用。

2. **高低式蹲姿** 下蹲时左脚在前，右脚稍后，左脚全脚着地，小腿垂直于地面，右脚脚跟提起，脚掌着地，右膝接近地面，臀

▶ 蹲姿

部向下靠近右脚跟，基本上以右腿支撑身体。
形成左膝高右膝低的姿态。男士可选用此种姿
态，女士无论选用哪种姿态，都要注意将腿靠
紧，臀部向下。如果头、胸和膝关节不在同一
角度上，这种蹲姿就更典雅优美。

▶ 蹲姿

四、走姿

人的走姿是一种动态美。茶艺表演的入场
和出场，鉴赏佳茗，敬奉香茶等程式都处于行
走状态中，优美的走姿要求稳健、大方、有节
奏感，具体要求如下：

走 姿

（1）行走时，上身
应保持挺拔的身姿，双
肩保持平稳，双臂自然
摆动，幅度手臂距离身体30 ～ 40厘
米为宜。

（2）腿部应是大腿带动小腿，脚
跟先着地，保持步态平稳。

（3）步伐均匀、节奏流畅会使人
显得精神饱满、神采奕奕。

（4）步位直。步位即脚落地时的
位置，女子行走时，步履轻盈，两脚
内侧着地的轨迹在一条直线上。男子
行走时，两脚内侧着地的轨迹不在一
条直线上，而是在两条直线上。

（5）步幅的大小应根据身高、着

▶ 走姿

装与场合的不同而有所调整。女性在穿裙装、旗袍或高跟鞋时，步幅应小一些；相反，穿休闲长裤时步伐就可以大些，凸显穿着者的靓丽与活泼。女性在穿高跟鞋时尤其要注意膝关节的挺直，否则会给人"登山步"的感觉，有失美观。

(6) 一些女性穿高跟鞋走路时又急又重，难免发出踢踏声，而这种声音在幽静的品茶场所容易造成干扰，应注意尽量降低这种声响。

五、跪姿

在一些茶馆茶楼中，常设有一些需要席地而坐的茶席，或在一些仿古茶艺的演示中，需要运用跪姿。中国人习惯于以跪表达最高的敬意和礼节。唐代以前，席地而坐是日常起居习俗。坐时两膝着地，脚面朝下，身子的重心落在脚后跟上。若臀部抬起上身挺直，两膝着地，就叫跽（jì），又称长跪，这是将要站起来的准备姿势，也是对别人尊敬的表示。跽与通常所说的跪地求饶的"跪"，姿势虽然相似，含义却不相同，完全没有卑贱、屈辱的意思。而茶席中的"跪"，正是沿用了古人的礼仪。一般的跪姿都是双膝着地并拢与头同在一线，上身(腰部以上)直立，臀着于足踵之上，袖手或手自然垂放于身体两膝上，抬头、肩平、腰背挺直，目视前方。而男士可以与女士略有不同，将双膝分开，与肩同宽。起身时，应先屈右脚，脚尖立稳后，再起身，以保持身体平衡。

跪姿

▶ 跪姿

六、手势

手势也是人们交往时不可缺少的动作，是最有表现力的
一种"体态语言"，俗话说："心有所思，手有所指"。茶事
活动中，拱手、握手、让座、奉茶、谢茶及谈话进行中，恰
当运用手势可以丰富语言的色调，加强敬意的表达。在"无我茶会"中，
手势甚至是一种独立且有效的语言。

掌握正确的手势礼仪，首先要求我们在使用手势礼仪时务必注意以下
事项：

（1）在交往中，为了增强说话者的语言感染力，一般可考虑使用一
定的手势，但要切记手势不宜过多，动作不宜过大，切忌"指手画脚"和
"手舞足蹈"。

（2）打招呼、致意、告别、欢呼、鼓掌属于手势范围，应该注意其力
度大小、速度的快慢、时间的长短，不可过度，否则有"喝倒彩""起哄"
之嫌，这样是失礼的。

（3）在任何情况下都不要用大拇指指自己的鼻尖和用手指指点他人。
谈到自己时应用手掌轻按自己的左胸，那样会显得端庄、大方、可信。用
手指指点他人的手势是不礼貌的。

（4）一般认为，掌心向上的手势有
诚恳、尊重他人的含义；掌心向下的手
势意味着不够坦率、缺乏诚意等；茶事
活动中的伸掌礼，多用在介绍某人、为
某人引路指示方向、请人做某事、请人
品茶时，应该掌心向上，以肘关节为
轴，上身稍向前倾，以示尊敬。这种手
势被认为是诚恳、恭敬、有礼貌的。

▶ 掌心向上的手势

千姿百态的手势语言，饱含着人类无比丰富的情感。它虽然不像有声语言那样实用，但在人际交往中手势礼仪的正确使用能起到有声语言无法替代的作用。相反，在社交中某些不雅的手部动作常常会令人极为反感，严重破坏个人形象和风度，如当众搔头皮、掏耳朵、抠鼻孔、剔牙、咬指甲、剜眼屎、搓泥垢等，在茶会上更应避免这些不雅举动。

第三节　语言表达规范

语言礼仪主要是指人们在进行口头表达时应该注意的礼节、仪态。语言交谈是人们开展社交活动最基本、最常用的沟通方式，它的表现形式是两个或若干个人以口头语言为工具，以对话为基本形态，面对面地进行思想、感情、信息交流。语言交谈中是否注意礼节，语言运用是否恰当，直接关系到信息沟通的效果。善于交谈、交谈得法，就是以语言的"礼"吸引人，以语言的"美"说服人，从而建立起良好的人际关系。

茶事活动交流过程中，语言表达规范可以从四个方面着手：

一、"安定辞"：说什么

"安定辞"（《礼记·曲礼》）所说的每一句话，都是经过深思熟虑、反复推敲的，是经过无数次论证过的。

在说之前，一定要准备好说什么，才能说得准，说得好。说出品位来，说出文化内涵和历史感来。

"凡事豫则立，不豫则废。言前定，则不跲（jié）；事前定，则不困。"（《礼记·中庸》）做任何事情，都准备在前，行动于后，才能保证成功。说话前，一定要心中有数，才能做到不失礼，意思表达清楚，沟通顺利。

二、"顺辞令"：怎么说

《礼记·冠义》曰："礼义之始，在于正容体、齐颜色、顺辞令。"

"顺"即充分地考虑别人的兴趣与感情，说话让别人感觉舒适、备受尊重，这就是礼的体现。具体要求是：

"顺辞令"：
怎么说

（1）表情亲切自然，面带微笑。说话要平和沉稳，语速适中，音量适中，交谈过程语言要准确规范，表达清楚。

（2）使用得体的称呼，秉承"谦"与"敬"的原则，称呼他人及其亲属要用敬称，比如问候对方父母，令尊、令堂是比较传统、典雅的称呼，而他人子女可雅称为令郎、令爱。当代比较通俗的敬称有多种形式，可以从辈分上尊称对方，如"叔叔""伯伯"等；以对方的职业相称，如"李老师""王大夫"等；以对方的职务相称，如"处长""校长"等。对长辈或比较熟悉的同辈之间，可在姓氏前加"老"，如"老张""老李"；而在对方姓氏后加"老"则更显尊敬，如"郭老""钱老"等；对年龄小于自己的平辈或晚辈可在对方姓氏前加"小"，以示亲切，如"小王""小周"等。一般年龄大、职务较高、辈分较高的人对年龄小、职务较低、身份较低的人可直接称呼其姓名，也可以不带姓，这样会显得亲切。

在别人面前称呼自己和自己的亲属则要"谦"，例如"愚""家严、家慈、家兄、家嫂"等谦称。自谦和敬人，是一个不可分割的统一体，尽管当今生活中谦语已使用不多，但其精神无处不在，谦虚的交谈方式仍然受到普遍尊重。

国际交往中，因国情、民族、宗教、文化背景的不同，称呼千差万别，总的原则是：既要掌握一般性规律又要注意国别差异。如小姐、女士、夫人、先生等是国际通用的称呼。可以用职务称呼他人，对地位较高者可敬称"阁下"，如"市长先生""大使阁下"。对宗教人士，可用其宗教职位进行称呼，如"牧师""神父""传教士"。教授、法官、律师、医生、博士等职业性头衔，可以直接作为尊称。

（3）时时使用敬语。敬语，即表示尊敬和礼貌的词语，如日常使用的

"请"字，第二人称中的"您"字，代词"阁下""尊夫人""贵方"等，另外还有对于某些交际行为的含义敬词，如初次见面称"久仰"，很久不见称"久违"，请人指导称"赐教"，请人原谅称"包涵"，麻烦别人称"打扰"，托人办事称"拜托"，赞人见解称"高见"等。

三、"听必恭"：如何听

每一位交谈者，都希望获得对方的好感，但并不是人人都能如愿，为何？无数事实证明：在双方交谈中，当一名忠实的听众，最能取得对方的好感。

"听必恭"：
如何听

长者不及，毋僭言。正尔容，听必恭。毋剿说。毋雷同。

——《礼记·曲礼》

如何当一名恭敬有礼的听众？

（1）态度谦虚，仪容端庄，表情真诚，但不能呆板，表情要随着对方的谈话而变化，思维也紧紧地跟着对方有所波动。

▶ 聆听

（2）少说多听，有足够的耐心，不随意地去质疑、打断或纠正对方。

（3）忠实、真诚地听对方把话说完。当你被视为可以无话不说的知音和朋友，接下来的交流，就可以无碍了。

四、"言不惰"：什么不能说

父母有疾，冠者不栉，行不翔，言不惰，琴瑟不御，食肉不至变味，饮酒不至变貌，笑不至矧（shěn），怒不至詈（lì）。

——《礼记·曲礼》

这里的"言不惰"本意是指当父母生病时，说话不能怠慢，才合乎礼。"辞不可不修而说不可不善"（《说苑·善说》）皆是表明，说话要讲究艺术。事实上，古人早就把言辞高雅视为遵守礼仪的重要体现。今天，我们强调的是要杜绝邪恶的、不优雅的、低级趣味的口头语。

茶事活动是高雅的社交活动，交谈内容宜健康向上，不要涉及贬低他人，或拿别人的缺点和不足来开玩笑等话题。本着相互尊重的原则，应选择对方感兴趣的话题或是彼此都感兴趣的话题，或是对方比较擅长的话题，不要聊一些容易引起争论的话题，或对方不熟悉的话题，更不要谈及触犯他人隐私的话题。懂得适时地说些无伤大雅的笑话，用以增添茶会的欢乐和情趣，但切忌说一些低俗的、令人反感的内容。

第四节　茶事常用礼节

长期以来，中国社会大众都以茶待客，并在此过程中形成了相应的待客之道与茶礼仪。当今社会，以茶联谊，以茶商贸，以茶休闲，已是最广泛的社会活动。在一般社交的礼仪规范之上根据茶的特有属性以及茶文化的精神内涵，形成了一些约定成俗的表示对人、对茶品、对茶器等的尊重、敬意、友善的行为规范与惯用形式，这就是茶事活动中的基本礼仪礼节。

一、握手礼

握手礼是一切场合中最常使用、适用范围最广的礼节。握手礼表示敬意、亲近、友好、寒暄、道别、感谢等多种含义，是世界各国较普遍的社交礼节。在茶室迎接客人到来或是与客人离别时常用到握手礼。握手应遵循上级

▶ 握手礼

在先、长辈在先、女士在先的基本原则。男女初次见面时，女方可以不与男方握手，互相点头即可。握手时，要用右手，而不得使用左手。不宜同时与人握手，更不能交叉握手。握手时不能戴手套，女士允许戴薄手套，不能戴墨镜。握手力度不适过大，时间以 3～5 秒为宜。男士与女士握手，一般只轻握对方的手指部分，握手后切忌用手帕擦手。

二、鞠躬礼

鞠躬是中国的传统礼仪，即弯腰行礼。茶事活动中在开始和结束时，均要行鞠躬礼。鞠躬礼从行礼姿势上分站式、坐式和跪式三种，且根据鞠躬的弯腰程度可分为真、行、草三种。

1. 站式鞠躬礼　左脚向前，右脚跟上，右手握左手，四指合拢置于腹前，或双臂自然下垂，手指自然并拢双手呈"八"字形轻扶于双腿上，缓缓弯腰，动作

▶ 站式鞠躬礼——真礼

轻松、自然柔和、直起时速度和俯身速度一致，目视脚尖，缓缓直起，面带笑容。

站式鞠躬礼——真礼。行礼时，将两手沿大腿前移至膝盖，腰部顺势前倾，低头弯腰90°。

站式鞠躬礼——行礼。低头弯腰45°。

站式鞠躬礼——草礼。略欠身即可，低头弯腰小于45°。

2. 坐式鞠躬礼 在坐姿的基础上，头身向前倾，双臂自然弯曲，手指自然合拢，双手掌心向下，自然平放于双膝上或双手呈"八"字形轻放于双腿中、后部位置；直起时目视双膝，缓缓直起，面带笑容。俯起时速度、动作要求同站式鞠躬礼。

▶ 坐式鞠躬礼——草礼

坐式鞠躬礼——真礼。行礼时，双手平扶膝盖，腰部顺势前倾约45°。

坐式鞠躬礼——行礼。头向前倾30°，双手呈"八"字形放于大腿中部位置。

坐式鞠躬礼——草礼。头向前略倾即可，双手呈"八"字形放于大腿后部位置。

3. 跪式鞠躬礼 在跪姿的基础上，头身向前倾，双臂自然下垂，手指自然合拢，双手掌心向下，双手呈"八"字形，或掌心向下，或掌心向内，或平扶，或垂直放于地面双膝的位置；直起时目视手尖，缓缓直起，面带笑容。俯起时速度、动作要求同坐式鞠躬礼。

跪式鞠躬礼——真礼。行礼时，掌心向下，双手触地于双膝前位置，头向前倾约45°。

跪式鞠躬礼——行礼。头向前倾30°，掌心向下，双手触地于双膝前位置。

跪式鞠躬礼——草礼。头向前略倾即可，掌心向内，双手指尖触地于双膝前位置。

4. 伸掌礼 这是茶事活动中用得最多的特殊礼节，表示"请"和"谢谢"之意，主客双方均可采用。如当主泡需请助泡协同配合时，或请客人帮助传递茶杯或其他物品时都简用此礼。当两人相对时，可伸右手掌，若侧对时，在右侧方伸右掌，在左侧方伸左掌。伸掌姿势应是：五指并拢，手掌略向内凹，手心向上，左手或右手从胸前自然向左或向右伸出，侧斜之掌伸于敬奉的物品旁，同时欠身点头微笑，一气呵成。

▶ 伸掌礼

5. 叩手礼 叩手礼即用食指和中指轻叩桌面，以致谢意。相传清代乾隆皇帝到江南微服私访，来到一家茶馆，茶馆伙计先端上茶碗，随着退后，离桌几步远，拿起大铜壶朝碗里冲茶，

▶ 叩手礼

只见茶水犹如一条白练自空而降，不偏不倚，不溅不洒地冲进碗里。乾隆好奇，忍不住走上前，从伙计手里拿过大铜壶，学伙计的样子，向其余的

茶碗里冲茶。随从见皇上为自己冲茶，诚惶诚恐，想跪下谢主隆恩，又怕暴露了皇帝身份，情急之下急中生智，忙将右手中指与食指并拢，指关节弯曲，在桌面上作跪拜状轻轻叩击，以代"三叩九拜"之礼，以后这一"以手代叩"的礼节在民间广为流传。至今，在不少地区的习俗中，长辈或上级给晚辈或下级斟茶时，晚辈或下级必须用两个或两个以上的手指跪拜状轻轻叩击桌面两三下；晚辈或下级为长辈或上级斟茶进，长辈或上级只需用单指叩击桌面两三下表示谢意。

▶ 注目礼

6. 注目礼和点头礼 注目礼是用眼睛庄重而专注地看着对方；点头礼即点头示意。这两个礼节是在向客人敬茶或奉上某物品时用。另外，表演时与观众的目光交流和点头示意也是一种礼节。

▶ 端坐礼

7. 端坐礼 表演过程中，要求双腿并拢，头肩身始终保持端正平直，不能歪斜松弛，身体可以稍稍侧身立坐，以表尊敬。无动作时应双手交叉，放在腹部右侧或操作台上。

8. 举案齐眉礼 在奉茶时要求要双手捧杯，诚挚地敬上香茗，如果是工夫茶还须以举案齐眉的方式，即将盛放品茗杯与闻香杯的茶托举到齐眉

▶ 举案齐眉礼

▶ 应答礼

▶ 斟水

的位置，以表示对客人的尊敬，对茶的尊敬和对自然的尊敬。

9. 应答礼 在茶事活动的过程中，要求与茶人之间进行交流时，亲切大方得体，不沉默、不抢先，敬字当头，注意礼节，对方行礼表示敬意时，一定要表示答谢，表现出一种高尚的茶道精神修养。具体方法可根据实际情况，采取点头礼、叩手礼等形式来应答。

10. 泡茶的寓意礼 长期的茶事活动中，自古以来在民间逐步形成的一些寓意美好祝福的礼仪动作带有寓意的礼节。一般不用语言，宾主双方就可以进行沟通。

如最常见的为冲泡时的"凤凰三点头"，即手提水壶高冲低斟反复三次，寓意是向客人三鞠躬以示欢迎。茶壶放置时壶嘴不能正对客人，否则表示请客人离开；回转斟水、斟茶、烫壶等动作，右手必须逆时针方向回转，左手则以顺时针方向回转，表示招手"来！来！来！"的意思。欢迎客人来观看，若相反方向操作，则表示挥手"去！去！去！"的意思，另外，有时请客人点茶，有"主随客愿"之敬意。

11. 辞别礼 主客、宾客之间告别的礼节。辞别时，客人对主人的款待表示谢意，主人欢迎客人再次光临，主客、客人间可互表祝福。

第四章　社交茶礼仪

礼尚往来，往而不来，非礼也；来而不往，亦非礼也。

——《礼记·曲礼》

饮茶是一种修身养性的生活习惯，同时也是蕴含着丰富内涵的文化传统。长期以来，中国社会大众都以茶待客，并在此过程中形成了相应的待客之道与茶礼仪。当今社会，随着茶饮普及，以茶联谊、以茶商贸、以茶休闲，已是最广泛的社会活动，在众多场合中，饮茶活动都具有约定成俗的礼仪，而只有重视这些礼仪，才能够展现出待客的热情与诚意；只有学会了这些礼仪，才能在各种场合正确运用，以达到塑造个人良好形象，并构建和谐的人际关系的目的。本章将从准备礼仪、邀请与应邀、茶席礼仪、赠茶礼仪四个方面展开讲述，希望通过学习，大家都能成为懂茶性、知茶礼的社交达人。

第一节　准备礼仪

准备礼仪，即在茶事活动进行前的准备工作，既是表达对来宾敬重的必要环节，也是确保专业的名茶品鉴会、隆重的茶话会、会议茶水服务、佐餐茶饮等茶事活动圆满成功的基础步骤。准备礼仪一般包括茶叶（茶品）的准备、茶器的准备、水的准备、场地的布置安排等内容。

一、茶叶的准备

1.茶叶的分类与品质特征　市场上的成品茶根据初制工艺分为绿茶、白茶、黄茶、青茶（乌龙茶）、红茶和黑茶六大基本类别。

还有在此基础上的再加工和深加工的茶产品，而每类茶的茶性和品质各有特色，无论是基于科学饮茶的考虑，还是为了表达礼意，都需要正确辨识不同茶类，并根据需要合理选择茶品。

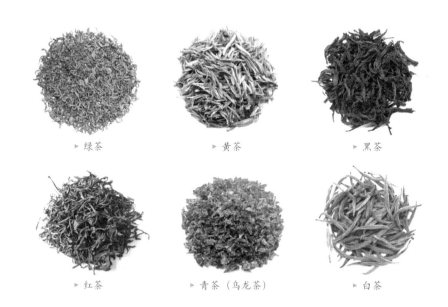

▶ 绿茶　　　　　　　　▶ 黄茶　　　　　　　　▶ 黑茶

▶ 红茶　　　　　▶ 青茶（乌龙茶）　　　　▶ 白茶

茶叶的分类

类别	主要产地	发酵程度	品质特点	代表产品	茶性
绿茶	中国所有产茶地	不发酵	清汤绿叶	浙江龙井、江苏碧螺春、湖南古丈毛尖、黄金茶	性凉
白茶	福建	微发酵	鲜叶"三白"；滋味鲜醇或鲜淡回甘	白毫银针、白牡丹、贡眉	性凉
黄茶	湖南、四川、安徽、湖北	轻发酵	黄汤黄叶	湖南君山银针、四川蒙顶黄芽、安徽霍山黄芽	性凉
青茶	闽南、闽北、广东、台湾	半发酵	花香果味，绿叶红镶边	大红袍、铁观音、凤凰单枞、东方美人	轻发酵凉性；重发酵中性
红茶	中国大部分产茶地	全发酵	红汤红叶	正山小种、祁门工夫、坦洋工夫、湖南红茶、云南滇红、广东英红	温性

（续）

类 别	主要产地	发酵程度	品质特点	代表产品	茶 性
黑茶	湖南、云南、湖北、广西、陕西、四川	后发酵	醇和不涩	湖南千两、茯砖；云南普洱、四川藏茶、湖北的青砖、陕西泾阳茯砖、广西六堡茶	温性
再加工茶	广西、四川、福建、云南、贵州		在六大基本茶类上通过压制或窨花等方式再次加工而成，风味多样	茉莉花茶、玫瑰花茶、雪菊黑茶、玫瑰红茶等	茶性随产品而不同
深加工茶产品	江苏、湖南、浙江		以茶鲜叶、制品茶、再加工茶等为原料，运用现代科学理论和高新技术，从深度、广度变革茶叶产品结构加工而成，形态多姿、产品丰富、风味多样	茶粉、茶膏、速溶茶、茶饮料、茶食品、茶酒	茶性随产品而不同

2.茶叶的养生保健知识 　饮茶兼备对人体物质与精神的协调作用，即同时对人们的身体健康和心理健康有益。

中国最早发现和使用茶是从治病开始，有关茶的防病治病方法和功效，中华医学有近五千年的成功经验。现代科学研究表明，因制作工艺的不同，六大茶类的成品中主要功能成分的组成和含量也存在差异，从而导致各类茶产品的保健功效各具特色。茶叶中的活性成分是饮茶保健的生化基础，近年来，茶叶防癌和抗衰老等功能成分的相关研究一直是世界各国科学家的热点课题。

茶叶活性成分的主要保健功能可归纳为："三降"（即降血糖、降血脂、降血压）、"五抗"（即抗衰老、抗辐射、抗癌、抗病毒、抗抑郁）、减肥、免疫调节、抑菌消炎、镇静安神、改善记忆等。

六大茶类的主要功能成分差异

茶类	茶多酚	儿茶素	茶黄素	茶氨酸	咖啡碱	茶多糖	有机酸
绿茶	1	1	—	1	1	5	6
白茶	2	2	—	1	1	3	5
黄茶	3	3	—	2	2	3	3
乌龙茶	4	4	2	3	4	2	2
红茶	5	5	1	2	3	4	4
黑茶	6	6	—	4	5	1	1

注：数字越小，含量越高。

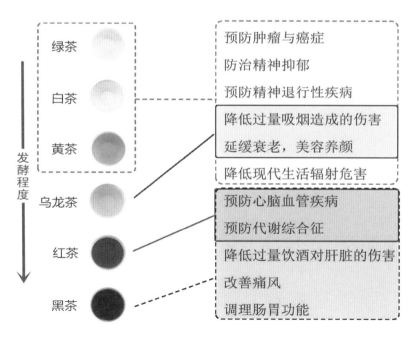

▶ 六大茶类健康属性特点

茶叶活性成分的主要保健功能

保健养生功能	茶多酚（儿茶素）	茶黄素（茶色素）	茶氨酸	咖啡碱	茶多糖	黄酮类
降血脂	✓	✓				✓
减肥	✓	✓		✓		✓
降血糖	✓	✓			✓	✓
降血压	✓	✓	✓			✓
抗衰老	✓	✓			✓	✓
抗辐射	✓	✓		✓	✓	
防癌抗癌	✓	✓	✓		✓	
抗病毒	✓	✓				✓
抑菌消炎	✓	✓				✓
免疫调节			✓		✓	
镇静安神			✓			
抗抑郁			✓			
改善记忆			✓			

资料来源：刘仲华教授学术报告《大健康时代饮茶新风尚》。

茶对人心理健康的作用主要体现在有利于提神益思，修身养性，从而促进个人身心和谐、调和人与人之间的关系、构建和谐社会。

通过宣传和倡导茶的保健功效，使茶成为健身、养心、和谐、益思的大众饮品，从而使饮茶不仅起到增强人民体质、陶冶生活、丰富人生等重要作用，更为弘扬中国传统文化做出贡献，这是当代茶人的神圣使命。

小贴士

科学饮茶的原则：

茶不在贵，宜体为好；

量不在多，适度即可（10～15克／天）；

不烫不冷，温度合适。

3.茶叶储藏方法　茶叶的储藏方法根据储藏者的目的而有区别，大体而言，储藏目的可以分为两类：一是需要尽量延长茶叶的"新鲜"品质特点，如不发酵的绿茶或轻发酵和半发酵的茶品；二是希望通过储藏促进茶叶内含物质有效转化，达到"陈化"的目的，如后发酵黑茶和部分白茶、红茶、黄茶等。

（1）需"保鲜"茶叶储藏方法。要想较长时间让其保持"新鲜"，就要从控制温度、水和氧气等来阻断或降低茶叶内含活性成分转化的条件。因此，为了有效延长茶叶的"保鲜"时间，储藏时应按照以下五个基本点来储藏。

①低温。氧化、聚合等作为一种化学变化，与温度高低紧密相连，温度愈高，反应速度愈快。实验表明，温度每升高10℃，茶叶色泽褐变的速度增加3～5倍。

降低储藏环境的温度（5℃或以下）可降低生物氧化活化能，使茶叶中活性物质的转化速度降到最低，从而延长保鲜期。而在−20℃条件中冷冻储藏，则几乎能完全防止陈化变质（该法适用不发酵茶或半发酵茶）。

②干燥。绝对干燥的食品中因各类成分直接暴露于空气容易遭受氧化。而当水分子以氢键和食品成分结合并呈单分子层状态时，就好像给食品成分表面蒙上了一层保护膜，从而使受保护物质得到保护，氧化进程变缓。研究认为，当茶叶水分含量在3%时，茶叶成分与水分子几乎呈现单分子关系。可以较好地阻止脂质的氧化变质。当茶叶中含水量超过6%时，会使化学变化变得相当剧烈。主要表现在叶绿素迅速降解、茶多酚自动氧化和酶促氧化，色泽变质呈直线上升。降低储存环境的湿度，使游离水分子减少。也是降低生物氧化活化能。从而延长茶叶保鲜期。

③密封。氧几乎能与所有元素结合，而使之成为氧化物。茶叶中儿茶素的自动氧化、维生素C的氧化、残留酶催化的茶多酚氧化以及茶黄素、茶红素的进一步氧化聚合均与氧存在有关，脂类氧化产生陈味物质也与氧

的直接参与和作用有关。隔绝氧，造成氧化过程不能进行，从而延长茶叶保鲜期。

④避光。光的本质是一种能量。光线照射可以提高整个体系的能量水平，对茶叶储藏产生极为不利的影响，加速了各种化学反应的进行。光促进植物色素或脂质的氧化，使茶叶色泽、香气陈化。

⑤清洁。防止外来物质的影响，最重要的是防止异味混淆，选择无异味符合食品安全要求的包装，置放于无杂味的环境中。"洁性不可污"，是茶叶的品格，也是茶叶储藏的要求。

小贴士

茶叶的常用储藏方法：

1. 低温储藏法　将茶叶储藏的环境保持在5℃以下，也就是使用冷藏保存茶叶，使用此法应注意：储藏期6个月以内者，冷藏温度以维持0～5℃最经济有效；储藏期超过半年者，以冷冻（-10～-18℃）较佳。储藏以专用冷藏(冷冻)库最好，如必须与其他食物共冷藏(冻)，则茶叶应妥善包装，完全密封以免吸附异味。一次购买多量茶叶时，应先予小包（罐）分装，再放入冷藏（冻）库中，每次取出所需冲泡量，不宜将同一包茶反复冷冻、解冻。有冷藏（冷冻）库内取出茶叶时，应先让茶罐内茶叶温度回升至室温相近，才可取出茶叶，不然茶叶容易凝结水气增加含水量，使未泡完的茶叶加速劣变。

2. 食品袋储藏法　先用洁净无异味白纸包好茶叶，再包上一张牛皮纸，然后装入一只无空隙的塑料食品袋内，轻轻挤压，将袋内空气挤出，随即用细软绳子扎紧袋口取一只塑料食品袋，反套在第一只袋外面，同样轻轻挤压，将袋内空气挤压在用绳子扎紧口袋，最后把它放进干燥无味的密闭的铁桶内。

3.抽气充氮包装储藏　茶叶含水量控制3%～5%，置入镀铝复合袋中，用呼吸式抽气充氮机抽出包装袋内的空气，同时充入纯氮气，加封好封口贴，放入茶箱。或是送入低温冷库保藏，一年内一般不会变色减香。

4.热水瓶储藏法　选用保暖性良好的热水瓶作盛具。将干燥的茶叶装入瓶内，装实装足，尽量减少空气存留量，瓶口用软木塞盖紧，塞缘涂白蜡封口，再裹以胶布。由于瓶内空气少，温度稳定，这种方法保持效果也较好，且简便易行。

5.干燥剂储藏法　使用干燥剂，可使茶叶的储存时间延长到一年左右。选用干燥剂的种类，可依茶类和取材方便而定。储存绿茶，可用块状未潮解的石灰；储存红茶和花茶，可用干燥的木炭。有条件者，也可用变色硅胶。

用生石灰保存茶叶时，可先将散装茶用薄质牛皮纸包好（以几两到半斤成包），捆牢，分层环列于干燥而无味完好的坛子或无锈无味的小口铁筒四周，在坛或筒中间放一袋或数袋未风化的生石灰，上面再放茶叶数小包，然后用牛皮纸、棉花垫堵塞坛或筒口，再盖紧盖子，置于干燥处储藏。一般1～2个月换一次石灰，只要按时更换石灰，一年内茶叶基本能保持色泽与香气。变色硅胶干燥剂储茶法，防潮效果更好。变色硅胶未吸潮前是蓝色的，当干燥剂颗粒由蓝色变成半透明粉红色时，表示吸收的水分已达到饱和状态，此时必须将其取出，放在微火上烘焙或放在阳光下晒，直到恢复原来的颜色时，便可继续放入使用。

木炭极能吸潮，先将木炭烧燃，立即用火盆或铁锅覆盖，使其熄灭，待晾后用干净布将木炭包裹起来，放于盛茶叶的瓦缸中间。缸内木炭要根据情况及时更换。

（2）需"陈化"茶叶的储藏方法。黑茶在后期适宜条件下存放一定的时间，有一个共同的特点，内含物质逐步发生着分解、转化。儿茶素由复杂的酯型儿茶素向简单儿茶素转化，茶的涩味逐步减弱，茶味日趋醇厚，醇和度增强；酯型儿茶素转化为简单儿茶素后，生物利用度提高。所以，黑茶在适宜条件下，随着存放时间的延长，皆会呈现汤色越来越亮，滋味趋向刺激感变小的变化。

黑茶中的糖类物质，逐步由复杂的、难溶的多糖类向双糖、单糖类转化，产品中回味甘甜的可溶性游离糖类物质增加，回甘味逐步增强，入口更加顺滑，口感的丰富度增强。

黑茶叶片中富含蛋白质和果胶，但不溶性蛋白和果胶比例大。在黑茶储藏过程中，不溶性蛋白和果胶可以逐步转化为水溶性蛋白和果胶。蛋白质可以逐步水解为多肽和可溶性氨基酸，增强茶汤身骨，赋予茶汤厚度。

黑茶保存需要通风、干燥、无异味的环境。黑茶因属深度发酵（全发酵）茶，需要一定的湿度加速陈化也是必要的，如果不小心因湿度过大，时间太长而使茶因受潮而发霉生白毛，应及时取出拿到通风干燥的地方，也可以抽湿（开空调即可）或在阳光下晾晒，几天后长出的霉毛自然会消失，如发白毛的情况严重，可用毛刷、毛巾之类柔软纺织品去除表层的白毛，再用电吹风之类的加热器具加热十几分钟即可。如果长出黑霉、绿霉、灰霉就可视为劣变茶了。黑茶最适宜的储藏温度大概在20～30℃，年平均储藏湿度不要高于75%。一般情况下，黑茶在自然环境条件下，品质会不断得到升华。储存时注意三个条件：

①阴凉忌日晒。日晒会使茶品急速氧化，产生一些不愉快的化学成分，如日晒味，长时间不得消失。

②通风忌密闭。通风有助于茶品的自然氧化，同时可适当吸收空气的水分（但水分不能过高，否则容易霉变）加速茶体的湿热氧化过程，也为

微生物代谢提供水分和氧气，切忌使用塑料袋密封。

③开阔忌异味。茶叶具有极强的吸异性，不能与有异味的物质混放在一起，安化黑茶的竹编包装、普洱茶的竹箬包装，都具有隔异味的作用，同时，还需将茶品放置在开阔而通风透气的环境中。

此外，随着黑茶储藏的需求，有专业的黑茶仓储基地陆续建成，可以对黑茶的存储环境进行监控，为大批量的储存提供了场地。

需要保鲜和陈化的茶品的储存

产品分类	技术要点	储存方法（空间）
需要保鲜的茶品	低温、干燥、密封、避光、清洁	冰箱冷藏、热水瓶储藏法、干燥剂储藏（木炭、生石灰、变色硅胶）
需要陈化的茶品	阴凉忌日晒，通风忌密闭，开阔忌异味	家庭中少量可放在通风透气的书房，大批量建议置于专用仓库

4.不同场合茶品准备

（1）品鉴会茶品准备。将需要品鉴的茶叶，分成小包封装好，每包为一泡的量（绿茶、红茶、黄茶3～5克/包；白茶、黑茶5～7克/包；乌龙茶8～10克/包）。如果是紧压茶，需要事先破开并拌匀，陈年的紧压茶还需要提前一周破开，而后存放在陶罐内，俗称"醒茶"。

（2）茶话会和佐餐茶品准备。根据参会或就餐人员的年龄、喜好进行准备，最好多准备几种茶叶，使与会者可以有多种选择。若只能提供一种茶叶，最好向客人交代清楚。

（3）大中型会议茶品准备。根据参会人数来准备，茶叶的选择有一定的地域性，如南方多用绿茶，北方多用花茶。此外，每个产茶区都可以将自己的特色茶叶作为会议用茶，如在益阳地区，会议中多用安化黑茶；江浙地区，会议中多用西湖龙井。如果不方便给所有参会者逐个上茶，应设饮水处，为与会者提供泡好的茶水或干茶、白开水等。

（4）日常待客茶品准备。以茶待客，是中国人生活中最常见与最普遍的礼仪，所以，绝大多数人在办公室和家中多少都会存放一些茶叶。一般而言，可根据家庭条件准备一种或几种茶叶，并采用正确的方法进行储藏。

二、茶器的准备

1. 茶器的分类与功能 "壶添品茗情趣，茶增壶艺价值"，佳茗妙器，犹似红花绿叶，相映生辉，相得益彰，使人在品茗中得到美好的享受。中国的茶器，种类繁多，造型优美，除实用价值外，也有颇高的艺术价值。根据茶器的功能，可分为储茶器、煮水器、烹茶器、分茶器、饮茶器、清洁器、辅助器、添趣器等几类；制作茶器材质常见的有：陶土、瓷器、漆器、玻璃、金属、竹木、塑料等几大类。

茶器的准备

茶器的分类

分类标准	类　别
按功能分	储茶器：茶叶罐等 煮水器：电磁炉、炭炉、酒精炉、风炉、水缸、水壶 烹茶器：茶壶、飘逸杯、盖碗 分茶器：公道杯、茶盅 饮茶器：品茗杯、盖碗杯、胜利杯 清洁器：水盂、茶巾等 辅助器：茶针、茶匙、茶则 添趣器：茶宠
按材质分	瓷器、陶土、漆器、玻璃、竹木、金属、塑料等

▶ 茶叶罐　▶ 茶壶　▶ 水盂
▶ 公道杯　▶ 品茗杯

2. 茶器的选择与准备 无论哪种场合，选用的茶器具都应达到两个基本要求：宜和净。宜，即宜茶、宜人、宜场合；净，即干净无污，同时要确保器具的完好无损，有缺口或裂缝的品茗杯，在品饮时，容易划伤或烫伤客人，应避免使用。

冲泡茶品时茶器的选择

茶器种类	适宜冲泡的茶品类
瓷质器	六大茶类皆可
陶土（紫砂）器	黑茶、红茶、青茶
玻璃器	富有视觉美感的绿茶、白茶、黄茶类产品

（1）品鉴会茶器具准备。品鉴会的专业性较强，茶器具的准备可根据冲泡的茶叶选配，一般包括储茶器具、烹茶器具、分茶器具、奉茶器具、品饮器具、备水器具，还有茶巾、水盂等清洁器具，其中泡茶器和品茗杯的容量和数量可根据参加人数、冲泡茶类等进行适当调配。在"宜茶"前提下，也可以选择些个性化的茶器，增加品茶趣味性。

（2）茶话会或佐餐茶器具准备。根据所选茶品进行配备。如果是单人独立品饮，可用盖碗、个人品茗组（如冲泡盅加一茶碗）、同心杯等。

▶ 瓷质器　▶ 陶土（紫砂）器

▶ 玻璃器

▶ 个人品茗组

▶ 同心杯

（3）大中型会议茶器具准备。冲泡红、绿茶或袋泡茶宜选用适合单杯饮用的素瓷胜利杯。黑茶一般需要煮或泡好后，滤去茶渣再倒入杯中。专业茶会，可以使用同心杯。

▶ 青瓷胜利杯

（4）日常待客茶器具准备。根据客人喜好、会面时间的长短选用不同的茶器。客人逗留的时间短，可用白瓷杯或玻璃杯泡绿茶、花茶，或是用飘逸杯泡好茶后倒入品饮杯中；如果使用一次性纸杯，在敬茶之前应先套上杯托，以免热茶烫手。若是客人逗留的时间较长，可以请客人入座后，用工夫茶具泡茶，宾主细品慢饮，其乐融融。

▶ 玻璃杯

此外，在各种茶展会上供参观的客人品茶时，由于品饮者人数多、流动性大，所选茶杯的容量不宜太大，以食品级的亚克力小杯（有机玻璃杯）最好，无异味的小纸杯亦可。

三、水的准备

明代许次纾所著《茶疏》中云："精茗蕴香，借水而发，无水不可与论茶也。"清人张大复甚至把水品放在茶品之上，认为"茶性必发于水，八分之茶，遇水十分，茶亦十分矣；八分之水，试茶十分，茶只八分耳。贫人不易致茶，尤难得水"。这既是古人品水的经验

水的准备

总结，也有科学道理，因为好茶须有好水冲泡，既为充分散发茶的色、香、味之美，更为积极发挥茶的养生保健功用。

历代古人为众多的名泉好水做出了判定，为后人对泡茶用水的研究提供了非常宝贵的历史资料。但是，古人判别水质的优劣，因受限于历史条件，无论以水源来判别、以味觉习别，还是以水的轻重来判别，均是凭主

▶ 趵突泉

观经验，难免存在一定的含糊性和片面性。而现代人在选择泡茶用水时，可以借助现代科技手段测定水的物理性质和化学成分，从而更为客观、精准地判定水质的安全性和可靠性。水质检测常用的化学指标主要有：

（1）悬浮物。指经过滤后分离出来的不溶于水的固体混合物的含量。

（2）溶解固形物。水中溶解的全部盐类的总含量。

（3）硬度。通常是指天然水中最常见的 Ca^{2+} 和 Mg^{2+} 的含量，两种离子含量少于8毫克／升的为软水，超过8毫克／升的为硬水。

（4）碱度。水中含有能接受氢离子的物质的量。

（5）pH。即溶液酸碱度。泡茶用水应以悬浮物含量低、不含有肉眼所能见到的悬浮微粒、硬度不超过25°、pH<5以及非盐碱地区的地表水为宜。

简单而言，我们可以参考以下几条原则：

（1）基本要求：达到生活饮用水卫生标准，参照 中华人民共和国国家标准 GB 5749—2006执行。

（2）烹茶之水以越纯净越好，当然，一些富含有益微量元素的水也是理想的泡茶用水。

（3）优质泡茶用水：纯净水、山泉水或净化水。

（4）在茶会正式开始前需备好足够的水量，配好煮水器。如果参会人多，最好将一定量的水预先煮至90℃，用保温贮水器备好，以节约即时泡茶的煮水时间，不可煮沸后贮存，因为泡茶忌用反复煮沸的水。

四、场地的准备

场地的准备主要是品茶环境、茶席等的布置，包括整个场所一定要打扫干净，要在适当的位置摆放指示牌，控制舒适的室温，为客人准备一些味道相对清淡的茶点如糕点、干果、水果等。除此之外，还应着重注意的是安排好客人的座次。

1. 茶席的布置　总体原则是合主题、合季节、合身份、宜简不宜繁。茶席布置时会用到茶品、茶器、铺垫、插花等，下面列出茶席布置中常用物品及其功能。大家在布置茶席时可根据需要选用。

茶席布置中常用物品及其功能

名　目	性　质	功　能
茶　品	必须配备	茶席的灵魂
茶　器	必须配备	体现茶的品质，本身也是欣赏品
铺　垫	必须配备，基础色调	保持器物清洁、保护台面，烘托主题
插　花	配合地位，自然鲜活的点缀	围绕主题、营造意境
挂　画	配合地位	空间拓展、呼应主题
焚　香	非必备，在空气良好的室内不用	嗅觉享受、宜幽不宜浓
工艺品	配合地位	增添情趣；烘托或深化主题；点到为止，不能喧宾夺主
背景音乐	配合地位，带动情绪	听觉享受；与主题相配，音量合适
茶　点	配合地位	宜清淡水果、干果、特色糕点与主题呼应

▶ 茶席布置

▶ 插花

2．座次的安排　重视人伦次序是中国传统文化的显著特征之一。《荀子·君子篇》说："故尚贤使能，则主尊下安；贵贱有等，则令行而不流；亲疏有分，则施行而不悖；长幼有序，则事业捷成而有所休。"即君主治理臣民要讲究人与人之间的尊卑、贵贱、亲疏、长幼等的差异，这样才能国泰民安、秩序井然。在传统文化中浸润而成的茶礼仪也是以人际和谐为主旨，在正式的以茶待客中一样重视尊卑有分、老幼有序，并在长期的实践中形成了特有的座次礼仪规范。比如，中国传统文化以左为上（西方以右为尊），因此在待客茶礼仪中，客人的座次是按主人左面顺时针由尊到卑排列，其中长者为尊、师者为尊；如果只有主客二人，客人应当坐在主人的右边；在座次安排中，还要避免出现"对头坐"。如果客人较多而确实无法避免"对头坐"，则一般安排儿童或年幼者坐在长者的正对面。

▶ 待客

第二节 邀请与应邀礼仪

▶ 邀请礼

一、邀请礼仪

邀请有正式邀请与非正式邀请之分：

1. 非正式邀请 也称作口头邀请，有当面邀请、托人邀
请以及打电话邀请等不同形式。它多适用于非正式的聚会。

口头邀请的方式比较自然和随意，常用于相互比较熟悉
的亲朋好友之间。邀请者可以到被邀请者家中口头邀约，以示郑重。也可
打电话邀请，这种方式比较灵活，既可节省时间，又可马上知道对方是否
接受邀请。非正式邀请也要说明聚会的时间、地点和活动内容，
并真诚地表示欢迎对方的到来。

2. 正式邀请 既要讲究礼仪，又要详细告知被邀请者具
体的事宜，所以多采用书面的形式。

有请柬邀请、书信邀请、传真邀请、电子邮件邀请等具体形式。

其中档次最高、也最为各界人士所常用的当属请柬邀请。

请柬又称请帖，是为了表示对客人的礼貌、尊敬而使用的一种帖式。
一般由正文、封套两部分组成。无论是购买印刷好的成品，还是自行制作，
在格式与行文上都应遵守成规。请柬的形状、样式不同，大小也不等，邀
请者可根据请柬的内容自行设计。

请柬封面：通常采用红色，并标有"请柬"两字。内页可以是红色，
也可以是其他颜色，但不可用黄色与黑色。在请柬上亲笔书写正文时，应
采用钢笔或毛笔，并选用黑色或蓝色的墨水或墨汁。不要使用红色、紫色、
绿色、黄色以及其他颜色鲜艳的墨水。

请柬行文：通常必须包括活动形式、活动内容、活动时间、活动地
点、活动要求、联络方式以及邀请人等项内容。中文请柬行文不提被邀请
人的姓名（写在信封上姓名、职务要书写准确）、不用标点符号，所提到的
人名、单位、节日名称等都要采用全称。主人姓名和发出邀请的时间（如

以单位名义，则用单位名称)，写在落款处。字体可以印刷，如果能用精美的书写体，则更能体现主人的诚意。所举办活动如对服装有要求，应注明是正式服装还是便服。如已排好座次，应在请柬信封下角注明。如果是请人观看正式的演出，应将入场券附上。

发送请柬：请柬一般提前1 ~ 2周发出，以便被邀请人及早安排。已经口头约好的活动，补送请柬时，要在请柬的右上方或下方写上备忘（To remind）字样。需要安排座位的活动，请柬上一般写上"请答复"（法文缩写RSVP)的字样；如果只需要不出席者答复，则可写上"因故不能出席者请答复"(Regrets only)。

小贴士

1.请柬既然是一种对客人表示礼貌的帖式，所以在制作时，应尽量精致，以表现出郑重的态度，一般要求是：封面注重款式设计，要美观、大方，使客人收到后感到亲切、快乐。

2.内里行文的文字，既要准确、简明，又要措辞文雅，感情浓重，语言谦逊、真挚。如果使用文言文，一定要弄懂原意，避免措辞不当产生误会。

3.送请柬不要过早或过晚，免得对方忘记或措手不及。

现在也有很多邀请是采用电子邀请信的方式，但其格式与要求与实物的请柬大同小异。

3.邀请的禁忌

(1) 切忌不够真诚。要坦白地告诉对方邀请他来参加的是商务性质的茶会，还是小规模的私人茶会。如果是商务邀请，那么一定不要在电话中沟通。语言简短明了，告诉对方，邀请主要是为了获得见面的机会。

（2）邀请人数适宜。邀请的对象及其人数要合适，不要太多，以免照顾不周。

如果是周年庆典或新茶品鉴会等活动，应当考虑得更周到、全面。只要是有些相关的客户，应当尽量邀请到，即使明知对方不能前来，也可以邀请，因为邀请具有礼节意义，邀请书可以及时告知对方自己将要举办的活动，即使无法应邀，对方也能感受到你对他的礼貌和尊重，这有利于双方关系的进一步发展。

邀请的禁忌

了解了这些有关邀请的礼仪和禁忌，就不必再为组织相关的茶事活动发愁了，礼仪上无可挑剔，再加上真诚的邀请，对方还会不欣然参加吗？

二、应邀礼仪

应邀是接到邀请后做出的反应，也要讲究有关礼仪。

应邀礼仪

1. 及时答复 被邀请人接到邀请后，不论是否接受对方的约请，都应及时答复。可给予书面答复，也可以作口头答复。若因故不能赴约应婉言说明。

2. 应邀的注意事项

（1）核定邀请范围，是否允许携带夫人、子女等，留意服装要求。

（2）若应邀参加节日、生日庆贺的茶话会活动，应准备鲜花等礼品；若应邀参加自费茶会，应自备好费用。

（3）准时赴约。如果已应邀了，尽量不要失约。到达现场后，应主动与站在门口迎接的东道主或工作人员打招呼。

（4）入座前看清自己的座次安排，特别注意不是主宾不要坐到主宾的座位上。

（5）活动结束时向主人告别，并酌情与周围的人道别。

（6）如果是专业的品鉴茶会，还需注意不要使用香味浓的化妆品，或携带有较重气味的水果、食品进入。

第三节　茶席礼仪

在茶事活动中，如何烹茶？如何品饮？才能做到不失礼，达到良好的沟通效果，这其中既有技术的要求，更有礼仪的规范。茶席礼仪在这里指迎客、烹茶、奉茶、品饮、恭送等茶事活动开展过程中的一系列礼仪。

一、迎接

主人应在门口迎接客人。如果主人忙不过来，可以安排专人在门口迎宾；如果客人带有礼物，主人要欣赏并表示谢意。进门后，主人应安排客人入座，并及时奉上迎客茶水。

迎接

二、烹茶

烹茶讲究繁多，涉及手部卫生、净器、置茶、注水、分茶等一系列动作，具体要求如下：

烹茶

1. 净手的礼仪　无论是哪种场所，负责倒茶的人员，特别需要注意手部的清洁。尤其在专业品鉴会上，由于整个过程都是需要用手来完成的，沏泡者一双手的灵巧度与实用度强过任何工具。保证双手洁净的要求有：禁止留过长的指甲；禁止使用有色指甲油；禁止使用香味浓的洗手液；禁止使用香水。泡茶前净手，是对客人表达敬意的礼仪。

▶ 净手

2. 涤器的礼仪 如果需要当面给客人沏茶，泡茶者应当在客人面前用热水将茶器具再次烫洗，这样不仅能提高杯温、壶温，而且能够体现出泡茶者对礼仪的讲究与对客人的敬重。

▶ 涤器

3. 置茶的礼仪 茶叶容易沾染其他杂味，故而应保存在密闭茶筒中。沏茶时，宜用竹或木制的茶匙摄取干茶，忌用手抓。使用茶匙时，手指捏在茶匙柄2/3处，取适量的干茶投入冲泡器中，茶叶的用量根据茶类、冲泡器的容量以及客人对茶味浓淡的喜好来投放，注意尽量不让茶叶洒落在桌面上。

▶ 置茶

若无合适的茶匙，可将茶筒倾斜，对准壶口、杯口轻轻抖动，使适量的茶叶抖入壶或杯中。

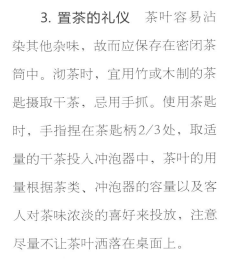
▶ 注水

4. 注水的礼仪 注水时要控制水流的急缓与高度，使水流不断，且水花不外溅。如果需要回旋注水时，右手应沿着逆时针的方向转动，左手应沿着顺时针的方向转动，以表示"来，来，来"的欢迎之意。如果泡茶器的容量较大，泡茶人员

▶ 分茶

的技术较娴熟，还可以"凤凰三点头"的注水方式来表达礼敬，即提起水壶三上三下，水流不断，水不外溅，动作流畅，既能表达对客人再三地点头示礼，又具有视觉美感，更能显示出主人的诚挚心意。

注水后，置壶时壶口不要朝着客人，也不要对着自己，应尽量转至不对准人的位置，以示礼貌。

5. 分茶的礼仪　沏茶过程中，无论是茶叶的用量还是分茶的茶量都体现出了中国儒家学说中所提倡的中庸之道思想。在茶水分杯中，需要将茶杯摆放在主客面前，在避免茶水溅出的前提下使用公道杯进行分杯，品茗杯中茶水不应倒太满(八分满为宜)，避免溢杯与溢壶现象的出现，这会被认为是一种失礼行为，而且会引发主客的尴尬情绪；同时，尽量做到每杯茶的水量一致，茶汤水量和浓淡的均分也能够体现出主人对茶礼仪的重视。如果不小心有茶水滴落在桌面上，应及时用茶巾沾干，以保证茶席的干净整洁。

三、奉茶

1. 品鉴会奉茶方式　茶汤分好后，主人向客人奉茶，应当以双手敬上，这是基本的奉茶礼仪之一。而且，使用不同的茶杯敬茶，具体的手势和仪态也有所区别：

奉茶

(1) 小品茗杯奉茶。一般的奉茶方法是用右手拇指和食指扶住杯身，放在茶巾上擦干杯底后，再用左手拇指和中指捏住杯托两侧中部，手指尽量不要碰杯口。为了确保不失礼，最好将品茗杯置于杯托上，双手递至客人面前，若同时有两位或多位宾客时，奉上的茶水必须要色泽均匀，而且要用茶盘端出，左手捧茶盘底部，右手扶着茶盘的边缘。上茶时要用右手端茶，并从宾客的右手边奉上。

(2) 直筒玻璃杯奉茶。端直筒玻璃杯时，一手扶杯身，一手托杯底，而且扶杯身的手指应放置在离杯口1/3处，忌直接用手指抓住杯口奉茶。

▶ 小品茗杯奉茶

▶ 直筒玻璃杯奉茶

为了安全与礼貌，要用双手端杯，但不要高举，而且应与客人保持20厘米左右的距离。

（3）三才杯（盖碗）奉茶。这是礼敬上宾的待客之道。要连杯身、杯盘、杯盖一同端起来奉茶，可双手托杯底，也可以一手托杯底，一手压盖钮，这种手法称为"三才合一"，然后将杯置于客人的右手侧。若奉上的是绿茶，还需将杯盖稍倾斜，给茶汤留出一点空隙，以确保其鲜嫩的色泽。

（4）带杯柄的茶杯奉茶。双手端有杯耳的茶杯时，应当是一只手将茶杯托住（如有杯托，是扶住杯托一侧），另一只手将杯耳握住，然后将茶杯轻轻放置在客人右手方向，并将杯柄转至右边，以便客人端起茶杯喝茶。

此外，奉茶过程中，还应运用"注目礼""伸掌礼"等规范的肢体语言，并辅以"请品茶""请享用"等口头语言，以表达礼敬之意。

另外，在分杯中，主人如果是直接将茶水倒入客人的茶杯，倒好后，主人应当将左手拇指贴近手心，并轻击客人茶杯，或是以"伸掌礼"请客人喝茶。这一动作能够表达出谦虚之意，并具有"招待不周，多多包涵"的意思。对于了解茶道礼仪的客人而言，主人如果略去这一手势，将会被认为是十分失礼的。

2. 茶话会或餐桌奉茶 一般在客人入座后，将泡好的第一杯茶敬给最尊贵的客人，然后按从左到右的顺序（圆桌按逆时针方向）依次给客人奉上茶水，同时致以"您好，请用茶"等敬语。茶杯置于客人的右手边，如果是有杯柄的同样要将杯柄转至右侧。

3. 大中型会议的奉茶方式 大中型会议上，建议在会议举行半小时前，先在茶杯内放置适量的茶，摆放在桌位的右侧，在会议开始前5分钟，按次序一一注入温度适宜的水。如果是用黑茶、陈年的白茶或是重发酵的乌龙茶招待来宾，一般可以事先准备好滤净茶渣的茶汤，用保温壶装好，在客人入座后，再将保温壶中的茶汤依次倒入客人的杯中。

4. 日常待客的奉茶方式 家庭待客，视情况，由晚辈或女主人、男主人亲自上茶。公务场合招待宾客，一般由服务人员用茶盘送上。上茶顺序是先客、后主，先上司、长者、女士，后陪同、晚辈、男士。人员众多，则应从主宾、主人起，由近而远，渐次敬茶，具体做法是：先将茶水在客人面前放好，而后略躬身，说"请用茶"，也可伸手示意，说声"请"。

客人进入客厅前一两分钟，就应把茶沏好，待客人落座后，即把茶端送到客人面前。以右手持茶杯托，左手护杯，从客人的左后侧，双手将茶杯递上。茶杯放在客人面前右手附近，杯耳应朝向客人右手位置，便于客人端杯饮用。使用无茶托杯子，则以右手持杯耳，以双手姿态捧上。避免在客人正前方上茶，不可单独使用左手上茶。若客、主双方人员较多，可预先将茶杯放在茶几上，先沏小半杯，待客人落座后依次续水，这样一可保证茶可充分沏开，二可让客人喝上热茶。

四、饮茶

既然饮茶被当作必不可少的待客礼节，那么饮茶的过程自然是宾主双方你来我往的互动过程。尤其是在茶叶专业品鉴会、茶话会或是日常待客的过程中，饮茶的互动性特别表

饮茶

现在主人与客人一边品茶，一边聊天。在此过程中，同样需要遵守一些必要的礼仪。

1. 受茶的礼仪　主人以茶相敬，客人一定要报以谦恭的回礼。回礼又称应答礼，特别是女主人或尊长者为自己上茶、斟茶时，作为客人、晚辈，应当起身并以双手捧接茶杯。即使是服务人员为自己斟茶，也应适当表示谢意。正确的应答礼是主人完成茶叶冲泡并请客人进行品茶之后履行，一般可以用"叩手礼""点头礼"等规范礼节，还要说"谢谢"来表明感激之情。

如果是在具有仪式感的场所，主人以隆重的敬茶礼奉茶，客人更要表示以相应礼节：男性客人需要起身，然后抱拳鞠躬或行"合十礼"，抱拳姿势应当是左手包住右手，女性客人则需要起身后双手合十，并双手将茶杯捧起品饮。鞠躬时弯腰角度的大小意味着对主人的尊敬程度高低，如果主人是客人的长辈，那么客人答礼时的鞠躬角度应当在45°以上。随后坐下以愉悦的状态观汤色、嗅茶香、品茶味，鉴赏完成之后，将茶杯放下并对主人的茶叶品质或者沏茶技艺进行称赞。

▶ 叩手礼

谈话开始，未进入正题前，可少许喝一两口茶汤，但交谈关键时刻最好不喝茶，既是不分散自己的注意力，同时也是尊重对方的表现。在谈完主要问题以后，或一段紧要谈话告一段落后，才可以喝茶润润嗓子，品品茶味。

对于自己喜欢的茶汤，可适当赞美，这是对主人盛情招待的感谢，也是礼貌的需要。如果茶水真的难以下咽，可以小啜一口后把茶杯放回原处而不再喝，但不可显露不悦之色甚至出言冒犯，因为尽力尊重主人而避免其难堪，这是中国茶道礼仪对客人的基本要求。即便是主客交情深厚，也应当在泡茶之前选好茶品，避免在饮茶时因不喜欢而拒绝品尝，因为这是一种明显的失礼行为甚至会被主人理解为故意挑衅。

2. **品茶的礼仪**　在我国酒宴习俗中，"亮杯底""一口闷"等把敬酒喝完是常见的知礼识趣的行为，这能够展现出主客之间的豪爽之气和浓厚友谊，而中国茶道所讲究的礼仪是忌讳此举的，尤其是在品鉴特色、私藏或是珍稀名茶时，其目的是在于"含英咀华"、细细品味，让茶的醇味在口腔中流连，让茶的清香散发开来，令其在唇、鼻之间回荡，尽情享受茶汤带来的愉悦，因而不能大口"牛饮"甚至"一口闷"，唯有小口啜饮才能达到满口生津、齿颊留香的效果，也更能体会主人的深情厚谊。

▶ 端茶杯的礼仪

▶ 饮盖碗茶的礼仪

端茶杯时，右手持杯耳，对于无杯耳的茶杯，则以右手握住杯的中部。注意饮茶时不要双手捧杯，可用右手托住杯底啜饮，也可右手握杯口饮用。有茶托的茶杯，只以右手端杯饮用，不动茶托，或者先用左手将茶托与茶杯一同端起，再以右手端杯饮用。

饮盖碗茶，可先用盖儿将飘在表面上的茶叶轻轻拨开再喝，不可当众将茶叶一同吃进口中；茶汤较烫，不可用嘴吹气使其降温，只能待其自然降温后饮用；饮茶不宜出声；需要续茶时，把盖儿取下，靠在茶托边上，但注意不能倒立杯盖。品茶量也要适可而止，不可一杯接着一杯喝得没完没了。

西方人士习惯喝红茶。他们饮用红茶如同饮咖啡，往往会在茶汤中加糖、加奶，然后用茶匙搅拌均匀（注意拌好的茶汤是直接端杯饮用而不能用匙舀饮），不用茶匙时，将其放在茶托上。

端起茶杯喝好后，可轻轻地将茶杯放回原处（注意无论是主人奉茶时还是客人置杯时，都要尽量避免杯具碰撞发出声音），这样既能确保器具完好无损，也是相互表达礼敬的基本要求。

五、续茶

续茶

续茶即向客人的茶杯添加白开水或新泡的茶水，也是体现饮茶礼仪的重要环节。

1. 续水要及时　一般而言，如果是单杯泡饮，在客人杯中还余有约1/3的茶汤时就要续水，这样才能保证客人喝到的茶汤浓淡适中。如果是工夫茶式分杯品饮，则只要客人饮用后放定茶杯就要立刻续茶，因此，主人要根据客人喝茶的快慢灵活调节沏泡的速度，让客人感受到充分的热情。

2. 举止要适宜　从客人侧面续水时，如果是有盖的杯子，则先用右手中指和无名指将杯盖夹住，轻轻抬起，再用大拇指、食指和小拇指将杯子拿起，移至客人右后侧方，然后用左手进行续水。如果不便或没有把握一并将杯子和杯盖拿在右手上，可以先把杯盖倒放在桌上或茶几上，然后端起茶杯续水，切不可把杯盖扣在桌面或茶几上，也不能掀盖后直接在桌上续水，这样既不卫生，也不礼貌。倒水完毕放定杯子后，还要记得把杯盖盖上，恢复原样。

如果要在客人后面将茶杯取出续水，应先走到客人身后适宜的距离，礼貌地问："先生／女士，我可以帮您添加茶水吗？"征得同意或默许后，再从客人右侧手执杯柄取出杯子续水，如果杯子没有杯柄，则需要用左手中指、食指与拇指将杯握住取出，再侧身向杯中续水，完毕后把茶杯轻轻放在客人右前方距桌沿5～10厘米处，并把杯耳转向客人右侧，方便其取放。注意放茶杯时动作幅度不要过高，不要从客人肩部和头上越过，也不能把手指搭在杯口的边沿上。

如果是从前方用公道杯向客人杯中续茶，注意茶汤只能加至八分满，而且要避免添加时溅落在杯外。

在一些高规格的会议中，奉茶续水一定要尽量做到悄无声息，避免干扰到会议的进行，而且要殷勤及时，使参会者的茶杯永远保持适量的茶汤，这就是会议茶礼仪圆满周到的标志。这就要求无论是端茶还是添水，动作一定要轻、稳、切忌心急、毛躁，甚至翻倒茶杯弄湿参会者的衣服；在倒水的时候还要稍微提醒一下在座的人，避免发生碰撞。再者，还要根据开会的人座位的方向，灵活调整续水的方位，尽量避免挡住参会者的视线。

3. 茶汤忌寡味　让客人继续喝已经寡淡无味的茶水是一种失礼行为。如果续水时发现茶汤颜色已经变浅接近发白，则应及时更换茶叶重新沏泡。换茶叶应当得到客人的同意，但是即便是客人不介意对茶叶继续进行冲泡，也应当在续水一至两次之后更换茶叶。大型会议上更换茶叶不便，建议三次续白开水后改为续茶水，这样就能做到不失礼了。

六、恭送

茶会结束，客人告辞，要等客人起身后主人再起身相送。

主人应站在房门一侧恭送客人离去，并微笑道别。在客人离去之际，出于礼貌，还可以陪着客人行走一段路程或陪同等待电梯直至正式告别，最后，应目送对方离去。

恭 送

为了进一步表达友好之意，主人还可以赠送茶礼，通过茶礼品弘扬茶文化，亦可彰显个人情趣修养，给客人留下美好印象，从而有利于提升个人魅力。

第四节　赠茶礼仪

中国人社会交往中的"礼"由精神层面和物质层面两部分组成，礼节和礼品分别是"礼"在精神层面和物质层面的载体。因此，"礼尚往来"不仅指礼节上要讲究有来有往，还指人们以礼品为中介进行的相互往来。而礼品所体现的精神价值远远超越礼品本身的价值，人们选择礼品时往往都会同时考虑其实用价值和审美价值。当代社会中，越来越多的人选择茶作为看望亲友、拜访客户等的首选礼品。一是因为茶是嗜好品，爱喝茶的人很多；二是茶具有廉俭、高洁的品性，比起送别的礼品更显品味和雅趣；三是茶可收藏，作为一个纪念性的礼物非常合适。

然而，人们只有在明确馈赠目的和遵循馈赠基本原则的前提下，才能使茶礼品真正发挥出传情达意的纽带作用。

一、馈赠目的

《仪礼》中《士相见礼》一篇，详细介绍了士人相见、士人拜谒大夫的礼仪及君臣礼仪等。其中的"某不以挚，不敢见"就是说拜会他人时要通过"挚"（通"贽"，见面的礼物）

馈赠目的

来表达对主人的仰慕之意，才能获得见到主人的资格。据《白虎通》记载："士以雉为挚者，取其不可诱之以食，慑之以威，必死不可生畜，士行威介，守节私义，不当转移也。"可见，当时的士人以雉为礼物，是取雉不受引诱、不惧威慑、宁死不屈的特点，借以隐喻高洁之士，也是借此表达内心的敬意和忠信的一种方式，因为士人之间以德行相交，而不以钱财衡量友谊。

唐宋以来，茶日益成为君臣、亲友间传播文明美德的杰出信使，联结友情亲情的绝佳礼品，以至于发展到社会各阶层不论富贵之家或贫困之户，不论王公贵族或平民百姓，走亲访友、婚丧嫁娶等日常社交活动中莫不以茶为媒，茶礼茶俗随之在全社会推广开来。如北宋时期汴京的乔迁茶俗：当有人搬进新居，就要和左右邻居相互"献茶"，以表彼此关照、和睦相处之意。再如南宋时临安(现杭州)的"七家茶"茶俗：在每年的立夏之日，家家户户都会烹好新茶，再配上诸色细果，馈送亲友比邻。直到今日，在杭州郊外一些村庄还保留着这种赠茶习俗。还有，在江南一带，每当清明之际，茶乡的人们就会寄送新茶给远方的亲朋好友品尝。一包新茶，跨越空间的阻隔，承载着多少知交故旧的深情厚谊！

以茶为礼的悠久传统一直延续至今，茶礼品的审美内涵不仅没有被削弱而且仍在不断丰富和拓展。当你忙里偷闲，参加一场精心准备的茶会的时候，在收获清心宁神的快乐之余，往往还有主人临别相赠的小小茶礼，这份茶礼承接着传统茶文化，蕴涵着友爱和志趣，广交天下客，福佑千万家。

二、馈赠原则

1. 礼物的"轻重"要适当　应该视主客之间关系、身份、送礼目的和场合不同而加以适当掌握，不可太菲薄，也不可太厚重。一般来说，礼品应小、巧、少、轻。小，是指要小巧玲珑，受赠方易保存；巧，是指要立意巧妙，不同凡响；少，是指要少而精，忌多忌滥；轻，则是指要轻巧，便于提拿和携带。

2. 尊重由于风俗习惯、民族差异和宗教信仰等形成的禁忌　选择礼品要自觉地、有意识地避开对方的礼品禁忌，如礼品的品类、色彩、图案、形状、数目和包装等的忌讳，比如钟形的茶器就不适宜作为送给老人的礼品。

三、择礼技巧

1. 要突出纪念意义 送礼是表示尊敬、友好的一种方式，礼品重寓意、重情谊而不重价格。纪念意义是指礼品与一定的人、事、环境有关，让受赠者见物思人忆事。所以选择礼品应考虑到送礼时的事件、人物，要通过礼品传情达意，充分发挥礼品的交际功能。例如：2017 年在厦门举办的金砖会议上作为国礼赠送给与会嘉宾的"众星拱月"茶礼：在漆器礼盒中，武夷大红袍、武夷红茶（正山小种）、安溪铁观音、福鼎白茶、福州茉莉花茶五种福建名茶用红、橙、绿、蓝、黄五色茶罐盛装，拱着中央的圆形建盏，礼盒组合摆放为中文"大"字，它象征着中国希望发展"和平、开放、包容、合作、共赢"的国际关系的美好愿景。

择礼技巧

▶ 众星拱月

2. 要恰到好处地寄情于物 通常情况下，礼品的贵贱厚薄，往往是衡量赠予人诚意和赠受双方情谊的深浅程度的重要标志。然而，礼品的贵贱厚薄与其物质的价值含量并不总成正比。因为礼物是言情、寄意、表礼的，它仅仅是人们情感的寄托物，人情无价而物有价，有价的物只能寓情于其身，而无法等同于情。也就是说，就礼品的价值含量而言，礼品既有其物质的价值含量，也有其精神的价值含量，但并非价格越贵的礼品更能寄托越深的情意或用意。"千里送鹅毛"的故事，在我国妇孺皆知，是礼轻情意重的楷模和学习典范。"折柳相送"也常为文人津津乐道，因为柳的寓意有三：一为表示挽留；二因柳枝在风中飘动的样子如人惜别的心绪；三为祝愿友人如柳能随遇而安。在这里，如果仅就这些礼物本身的物质价值而言，的确是很轻的，对于受礼人来说甚至是微乎其微的，然而它所寄寓的情意则是浓重的。

因此，即使是送亲友一包亲手采制的茶，或是出差在外，给朋友带上一袋农家采制茶，也能表达彼此之间珍贵的情谊。

3. 要有针对性　所谓"宝剑赠侠士，红粉赠佳人"，送礼一定要看对象。不论是国际交流，还是国内交往，是正式活动还是私人应酬，由于不同交往对象有着诸如国家、民族、年龄、性别、职业、兴趣、喜好等方面的差别，选择茶礼品时也应因人而异。茶礼品不在价值高，而在受赠人喜爱，因此选择茶礼品就要针对不同人的品性和喜好。

▶ 茶礼品

（1）对于经常喝茶的人。先要了解他喜欢喝哪种茶类，再投其所好地选择茶类，如果能精准了解到具体的品种、花色而选择特定的茶品，自然更能令受赠人满意。

还要了解他喝茶的一些习惯，如有闲情逸致，平日喜欢在家里的茶室泡工夫茶，那么送传统加工和包装的茶叶就可以了；如果是比较忙碌，一般使用大杯子泡茶，那么送方便携带、易于冲泡的小沱茶，或是速溶、袋泡茶，反而显得更贴心。

（2）对于很少喝茶的人。给不怎么喝茶的人送茶选择比较宽泛，但很容易误入"雷区"。如果一点把握都没有，不妨送绿茶、红茶，这两种茶是最广为人知的品类，而且绿茶味清淡，红茶味甜，很容易让人接受。

岩茶、生普之类味道浓烈、刺激性强的茶，平常不喝茶或喝茶少的人第一次喝一般会感觉茶味过浓，不易接受。

（3）对于不同身份特征的人。

①看性别。男女喝茶有别。从口味上，一般来说男性的口味比女性的重，对于男性可以送一些味道浓烈、口感霸气、苦后回甘的茶，而女性则可以送味道清淡柔和的茶；从茶性上，送茶给男性不用有太多顾虑，送女性可以选一些红茶、花茶，因为它们暖胃暖身，利于呵护女性健康。

②看年龄。送茶给年轻人要讲究包装，适宜选择一些新颖、时尚的茶叶包装。再者，年轻人比较爱喝调配饮料，送一些速溶调味茶或者是花草袋泡茶，既时尚又便利。对于中老年人，宜送传统的茶产品，且包装最好用红色礼盒，这样的茶礼最讨喜。

③看地域。如果不了解对方喜不喜欢喝茶或喜欢何种茶，可以从他生活的地域来推测。比如江浙、安徽、四川一带，爱喝绿茶的人多；北京人爱喝绿茶、花茶的不在少数；广东、福建是乌龙茶的主产区和消费区；西藏、内蒙古地区喜欢喝黑茶的人居多。

4. 选择存放价值较高的茶礼品　不知道送什么茶的时候，送一些能够保值甚至升值的茶是最好的。目前公认的耐久储存的茶有黑茶、白茶、陈皮茶等等，它们不仅越存越香，还有升值的空间。选择这样的茶送礼，哪怕不爱喝茶的人也能懂得它们的珍贵和厚重，一方面是价格上的，一方面是功效上的。

5. 搭配茶具　搭配送礼，送礼才能送到位。好茶怎可以少了好茶具？送茶的时候不妨搭配一件茶具，大则一个茶盘、一套茶具、一个铁壶，小则一把紫砂壶、一个茶叶罐、一把茶刀。当受赠人泡茶的时候能够得心应手地使用到这些茶具，就会感受到赠予人的贴心和真诚。

四、赠送礼仪

馈赠礼品必须符合礼仪规范，并通过和善友好的态度、落落大方的动作和礼节性的语言进行表达，才能为受赠人所接受，使馈赠行为恰到好处，所赠礼品适得其所。

赠送礼仪

1. 准备礼品要进行适当的包装　把礼品精美地包装起来，一方面是表示自己隆重的态度，体现出对受礼者的尊敬；另一方面，这使受礼人不能直接看到礼品而产生好奇心，从而为馈赠增添几分情趣。如果是恰当的礼物，那么当受礼人打开包装看到中意的礼品时，一定会喜出望外，对送礼人的好感油然而生，从而起到增进双方情谊的作用。因此，作为礼品的茶叶，一定要配以适当的外包装。

礼品最外层要求用彩色花纹纸包装，用彩色缎带捆扎好，并系成蝴蝶结、梅花结等等。此外，还要注意做到下面两点：一是包装所用材料的质量要好。二是在选择礼品包装纸的颜色、图案、包装后的形状、缎带的颜色、结法等方面，要尊重受礼人的文化背景、风俗习惯和禁忌，不要有冒犯之嫌。

▶ 精美的包装

2.递交礼品要辅以礼节性的动作和语言　当面赠送礼品的正确做法是：起身站立、面带笑容、目视对方，双手把礼品递送过去，并说上一两句得体的话，一般是表明敬意和送礼目的的礼貌用语，如送生日礼物时说"祝你生日快乐"，送结婚礼物时说"祝两位百年好合"等。再者，中国人有自谦的习惯，这在送礼时也应有所表现，送礼时一般谦恭地表示自己礼品的微薄，而不谈及所送礼品的稀罕、珍贵或是具有多种用途和性能，如常常说："区区薄礼不成敬意，请笑纳""这是我特意为你选的"等，但千万不要说诸如"这是临时为您买的""这是我家里用不完的""没花几个钱"等容易被对方误会自己对馈赠的随意和不重视之类的话，即使你的本意可能是劝对方不要拒绝，尤其是赠送西方客户礼品时一定不能过于谦虚。因为西方人在送礼时，往往喜欢向受礼者介绍礼品的独特意义和价值，以表示自己对受赠人的特别重视。总之，得体的寒暄一是表达送礼者的心意，二是让受礼者受之心安。在正式场合中，递送礼品、致辞之后，还要与受赠对象热情握手。此外，递交礼品最忌讳悄悄地乱塞或偷偷地传递，容易给人鬼鬼祟祟的感觉。

五、受礼礼仪

在一般情况下，他人诚心诚意赠送的礼品，只要不是违法、违规的物品，最好的方式应该是大大方方地欣然接受为好，当然接受前适当地表示谦让也未尝不可，在国内这是必需的环节。

受礼礼仪

当他人向自己递送礼品时，受赠者应中止自己正在做的事，起身站立，以双手接住礼品，然后伸出右手同对方握手，并向对方表达感谢。接受礼品时态度要从容大方，恭敬有礼，不可忸怩失态，不能盯住礼品不放，不要过早伸手去接，也不能拒不出手去接，推辞再三后才接下。在接过礼品后，应说几句如"让您破费了"之类的表达感激的话回应赠礼者。

如果条件允许，受赠者可以当面打开礼品欣赏一番，这种做法是符合国际惯例的，它表示看重对方，也很看重对方赠送的礼品。礼品启封时，要注意动作文雅，可借助拆包工具顺着封口线拆开而不要乱撕、乱扯，也不要随手乱扔包装用品。开封后，赠送者还可以对礼品稍做介绍和说明，说明要恰到好处，不应过分炫耀。受赠者可以采取适当动作对礼品表示欣赏之意并伴以口头赞美，然后将礼品放置在适当之处，向赠送者再次道谢，切不可表示不敬之意或对礼品说三道四、吹毛求疵。

拓展阅读

千里送鹅毛

唐代贞观年间，西域回纥国是大唐的藩国。一次，回纥国为了表示对大唐的友好，便派使者缅伯高带了一批珍奇异宝去拜见唐王。在这批贡物中，最珍贵的要数一只罕见的珍禽——白天鹅。

缅伯高最担心的也是这只白天鹅，万一有个三长两短，可怎么向国王交代呢？所以，一路上，他亲自喂水喂食，一刻也不敢怠慢。一天，缅伯高来到沔阳湖边，只见白天鹅伸长脖子，张着嘴巴，吃力地喘息着，缅伯高心中不忍，便打开笼子，把白天鹅带到水边让它喝了个痛快。谁知白天鹅喝足了水，合颈一扇翅膀，"扑喇喇"一声飞上了天！缅伯高向前一扑，只捡到几根羽毛，却没能抓住白天鹅，眼睁睁看着它飞得无影无踪，一时间，缅伯高捧着几根雪白的鹅毛，直愣愣地发呆，脑子里来来回回地想着一个问题："怎么办？进贡吗？拿什么去见唐太宗呢？回去又怎敢去回见纥国王呢！"随从们说："天鹅已经飞走了，还是想想补救的办法吧。"思前想后，缅伯高决定继续东行，他拿出一块洁白的绸子，小心翼翼地把鹅毛包好，又在绸子上题了一首诗："天鹅贡唐代，山重路更遥。沔阳湖失宝，回纥情难抛。上奉唐天子，请罪缅伯高，物轻人义重，千里送鹅毛！"

缅伯高带着珠宝和鹅毛，披星戴月，不辞劳苦，不久就到了长安。唐太宗接见了缅伯高，缅伯高献上鹅毛。唐太宗看了那首诗，又听了缅伯高的诉说，非但没有怪罪他，反而觉得缅伯高忠诚老实，不辱使命，就重重地赏赐了他。

从此，"千里送鹅毛，礼轻情义重"，便成为我国民间礼尚往来、交流感情的写照或一种谦辞。

第五章　仪式茶礼仪

仓廪实而知礼节、衣食足而知荣辱。

——《管子·牧民》

仪式的功能是将文化价值根植于现实生活，通过创造制度、规定仪式最终积淀为习俗。我国自唐以来衍生出了近100种茶俗盛行在世界各地就是最好的例证。

中国自古注重通过各种仪式活动达到良好的道德教化功效，从而构建和谐的群体社会关系，增强团体凝聚力。在全面复兴传统文化、增强文化自信的当代，为了更好地继承民族文化的优秀遗产，我们秉承"礼乐并重""合理变通""俭朴简洁"等茶会设计原则，汲取中国传统仪式中的思想精华，但又不拘泥于烦琐的形式，设计了"成人茶礼仪""婚庆茶礼仪""寿庆茶礼仪"三个具有较强普遍性的茶会仪式，旨在传递关于茶的"敬"与"礼"的规则与观念，整合并延伸到集体的社会关系中，建构起一个关于茶的行为关系规范，并能让参与者在仪式感中领悟人生的意义，感受生活的美好，潜移默化感受传统文化的魅力。

中华仪式茶会的创意正缘于茶在生活中的无处不在，用仪式感的饮茶，彰显"礼仪之邦"的风范，留住生命中更多美好，让那些优秀的传统文化在当代生活中鲜活起来！

第一节　中华仪式茶会设计原则

当有人问你，在过去的岁月中，哪一时刻是最容易唤起你美好回忆的？相信大多数人的回答都是那些具有"仪式感"的时刻。而有些人可能会发现生活中没有美好的回忆。因为缺乏必要的仪式感，生命中一些特别的瞬间会被轻易地错过，漫不经心地过日子，自然就无法留住美好的瞬间，如果不能珍爱当下的生活，又哪来的美好回忆呢？

一、重唤"仪式感"是时代的需要

1. 仪式感让我们感知生活的美好　"仓廪实而知礼节，衣食足而知荣辱"（《管子·牧民》）。随着社会物质生活的不断丰富，社会交往中对礼仪文明也提出了更高的要求，仪式文

重唤"仪式感"
是时代的需要

化日益受到人们的关注。很多专家与学者都认为，当代"生活无聊感"产生的原因之一，就是因为生活中缺少"仪式感"。

所谓"仪式感"，是指通过一些形式来表达重要性的行为，

▶ 学位授予仪式

借此赋予某个时间或事件以特殊意义。人与人之间有时需要用仪式感来表达内心的庄重，来经营和增进感情，从而建立起稳定的亲密关系。换一个角度而言，仪式感的存在就是对生活的重视，对美好生活的期待和信心。仪式能让我们感知到生活的美好。

因为它能够唤起我们对美好生活的尊重和向往，能够时时提醒我们，有人在意我们、深深地爱我们，我们应该对生活有责任感，有使命感。很多时候，我们一直追寻的"诗和远方"并不一定在远方，或许就在拥有仪式感的心中。

2. 仪式茶礼让传统文化鲜活起来　茶文化承载着中国优秀传统文化，是"礼仪之邦"的"活化石"。以饮茶礼仪形式承载社会文化内涵，实现社会文明和谐的追求，这就是饮茶之"礼"的可贵之处。换言之，此种饮茶，已经超越了口腹之欲和欢乐聚会的简单层面，成为一种"有深意的品饮"。

中华传统饮茶礼仪，无论是等级森严的宫廷茶宴、精致文雅的文士茶会、肃穆庄严的宗教茶礼，还是入乡随俗的百姓茶礼仪，都是维护社会秩序，构建良好人际关系，实现"和乐"的方式 。当代生活中，节庆茶礼、婚礼敬茶、亲子茶礼、寿庆茶礼屡见不鲜。这些生活茶礼仪以茶为载体，让参与者在仪式感中领略生活美好，在潜移默化中感受传统文化的魅力，是满足人民日益增长的美好生活需要的良好服务形式之一。为了更好地继承民族文化的优秀遗产，必须不束缚于过于烦琐的形式，摒弃一些不合时宜的内容，包括那些过度宣扬等级观念、高调鼓吹贵族意识、过于奢华的成分，创新出符合时代需求的茶事仪式，以便在日常生活中推广运用。这是因为，中华仪式茶会的创意正缘于茶在生活中无处不在，用仪式感的饮

▶ 宫廷茶宴

▶ 亲子茶礼

茶，彰显"礼仪之邦"的风范，留住生命中更多的美好，才能让那些优秀的传统文化在当代生活中鲜活起来。

二、仪式茶礼仪创作原则

1. 礼乐并重　仪式茶礼仪与日常家庭或是朋友聚会的一般饮茶活动相比，礼仪的比重增加，结构要素质量提升，多用于节庆、庆典、盛大宴会等庄重场合，或是出生、成人、婚庆、祭祀等特别的时刻。在"礼"与"乐"并重的基础上，可以根据不同场合的要求、不同仪式的文化内涵，进行灵活的增、减、损、益，这也反映出"礼"与"乐"的动态消长及其可伸缩的文化弹性。

仪式茶礼仪
创作原则

如设计婚嫁茶礼仪应适当增加"祝福"的成分，渲染欢乐的气氛；编创成人茶礼仪要提升"教育"的意义；在大型庆典茶礼仪中可适当增加"庆贺"的内容，营造隆重的氛围；而对于祭祀茶礼仪，则应增加"缅怀"的内容，从而充实"礼"的构架。

2. 以三为礼　数字在中华民族传统文化中是一种内涵丰富的符号，是民族文化心理的具体反映。古人以三代表天、地、人起卦占卜，因为在先民的意识中，"三"是数的有限之极，无限之始，也即万物之初。《老子》第四十三章云"一生二，二生三，三生万物"，《史记·律书》中记载"数始于一，终于十，成于三"。"三"是数之最小之极，是礼数与圆满。

因此，在各类仪式茶会设计中，沏茶以"三杯"，献茶以"三次"为基本规范，以切合于传统文化中数字"三"的意涵，尽显茶会中沏茶、奉茶的雅礼之范。

3. 礼器引入　陆羽为茶礼仪立制时，即设计了直观实用的"鼎"形风炉来寄寓"和"之礼义。"鼎"从8 000多年前开始出现，经过数千年的演变，从饮食器具到权势象征物、礼制用器，逐渐演变为表征"显赫""尊贵""盛大"等的文化符号，其演变过程不仅是一种器皿的变化，更是一种文化与精神在不断传承中的变迁。"一言九鼎""鼎力相助""革故鼎新"已经深深植根于我们的传统道德、传统文化中。直至今日，每逢重要场合与盛大活动，我们多喜欢铸鼎来纪念。如为庆贺联合国五十华诞而铸造的"世纪宝鼎"、庆祝港澳回归的"回归宝鼎"、庆祝西藏和平解放50周年的"民族团结宝鼎"，都是借"鼎"这一古老的礼器，旌表新时代的丰功伟绩，祝福新社会的繁荣昌盛。

▶ "鼎"形风炉

▶ 鼎

4. 合理变通　行礼时，只要合乎礼仪，又能表达敬意，有些具体操作可以酌情变通。比如，成人茶礼仪中标准坐姿为危坐（端正地坐着），但是实在不习惯的话可以以各种方式变通，比如改为趺坐（盘腿坐），还可以用矮凳坐。再如烹饮的茶类，可以根据季节的更替进行变换；沏茶的茶器，也可以根据现有的器具来搭配。

5. 庄重高雅　茶会是高雅的聚会。茶会布置以洁为主，突出茶会主题为宜，音乐以典雅、轻松为主，节目以赏画吟诗、茶艺花艺、读书分享为佳，反对饮茶过程中过分喧闹，大呼小叫，反对以色情段子、庸俗笑话、低级趣味的东西来取乐。交谈应以各种庄重典雅、轻松愉快、具有文化内涵的话题为主，涉及利益诉求、人际矛盾、重大政治问题、有激烈争议、令人沉痛哀伤等的话题，应尽量避开，以免影响和谐的气氛。

仪式茶会讲究礼仪和文明，传情达意、放松身心应适度和恰如其分，抽烟、吐痰、乱吐食物等陋习更不应出现。

▶ 茶会

6. 服饰合适 参加仪式茶会，一般以舒适的中式、得体、庄重的服饰为宜，有些茶会要求穿汉服、茶人服，赴会时需按要求着装，以示礼貌。过于紧身的牛仔服、令人尴尬（辣眼）的袒胸露背装，或是其他标新立异的服饰是与茶会不协调的，应予以避免。

7. 俭朴简洁 仪式茶会不应铺张浪费，过于追求奇巧。茶叶无须名贵，茶器不必奢华，但献茶饮茶之间，以下条件不可或缺：茶叶需净、茶器需净、茶水需净。

茶点适量，每人一果盘，一份糕点即可。

主客互赠礼品亦以能表达礼敬之意为上，不应苛求昂贵稀有。

第二节 "成人茶礼"仪式设计

一、"成人礼"的起源与发展

成人礼，又称成年礼、成丁礼、入世礼、成年仪式、加入仪式、入社式等，与出生礼、婚礼、丧礼并称为"人生四大仪式"。

"成人礼"的起源与发展

中国古代成人礼称为"冠礼"，狭义的"冠礼"单纯指男子成年所施之礼，而女子成年礼称"及笄[jī]之礼"；广义的"冠礼"则泛指男女所受成人之礼。汉族古代传统的成人礼在中国的历史文化中有很高的地位，曾发挥了重要的作用。

《礼记·冠礼》言："成人之者，将责成人礼焉也，责成人礼焉者，将责为人子、为人弟、为人臣、为人少者之礼行焉。将责四者之行于人，其礼可不重欤？"可知，举行成年礼，标志着由少年进入成年，是人生的一大转折。

1. 成人礼前后称呼的改变　《礼记·曲礼上》："男子二十冠而字。""命字"是冠礼仪式的一项重要程序，标志着受礼者已成为应加以尊敬的成年人。自加冠命字之后，除本人自称，以及君、父、老师可称其名外，其他任何人不得再直呼其名，而只能以其"字"相称。

2. 成人礼前后服饰的变化　古代男子在行冠礼之前，或将头发自然下垂，称为"垂髫（tiáo）"；或将头发束在一起，垂在脑后，称为"总发"；或扎成左右两股，像两只犄角，称为"总角"。当男子长至一定年龄（一般为15～20岁），为之加冠。东汉经学大师郑玄（127—200年）所作《礼记·郊特牲》注曰："始加缁布冠，次皮弁，次爵弁（biàn）"。冠礼之后，冠就成为男子的常服、祭服、朝服等中不可或缺的服饰之一，君子无故而不去冠。衣冠是身份的象征，如果无故而不着冠，则被视为"非礼"的行为。

笄礼，是古代汉族女子的成人礼。女子未成年时，把头发分在两侧作成髻，长至一定年龄则行笄礼。行笄礼，即将头发盘至头顶作髻，再插上笄。《礼记·内则》："十有五年而笄"。郑玄（127—200年）注曰："女子许嫁，笄而字之，其未许嫁，二十而笄。"已许嫁的女子，行过笄礼之后，即使平常在家也须插上发笄，作为成人的标识。

纳西族、普米族和摩梭人等民族的未成年男孩、女孩都穿着棉布或麻

▶ 穿裙礼

布的长衫，等到了13岁前后，就会为男子举行"穿裤礼"，为女子举行"穿裙礼"以作为他们成年的标志。少男少女们以换着成人服饰来宣告自己的成人，从而在族群中获得成人的地位和权利。

3. 成人礼前后社会地位、权利和义务的变化 成人礼行礼过程中的主要内容是告知只有履行孝、悌、忠、顺的德行，才能成为合格的儿子、合格的弟弟、合格的臣下、合格的晚辈等各种合格的社会角色。成人礼的举行，象征着他（她）从此以后脱离了长辈的护佑，完全享有一个成人所具有的权利，开始扮演不同的社会角色，依角色来规范自己的行为。同时，在成人礼仪式之后，他（她）们也要开始履行一个成人所承担的义务，如参加生产劳动、分担家庭的经济压力及保护家人的安全和维护家族的声誉等。

成人礼还是获得婚嫁、丧葬权利的重要人生礼仪。《太平御览》七百八十卷引《白虎通》载："男子幼娶必冠，女子幼嫁必笄。"孟子曰："养生者不足以当大事，惟送死可以当大事。"传统礼制中程序烦琐、旷日持久的丧葬待遇，也只有行过冠笄礼之后的社会成员方能享有。

综上所述，成人礼不单影响一个人的称谓、社会地位、权利和义务、服饰、婚礼、丧礼，作为一项重要的人生过渡仪式，同样也是一种古代传统的教育仪式，对文化传承产生了积极的作用，且与仪式对象人生的各个方面都有着密切的联系，并对国民的成人意识的形成、伦理道德的培养、行为举止的训练方面有积极意义。成人礼作为一项前人留给我们的重要文化遗产，对于今天的国民教育、社会移风易俗来说，都是一种值得发掘和借鉴的文化资源。

成人礼始于氏族社会时期的"成丁礼"，先秦两汉时期十分盛行，被称为"礼之始也"。南北朝以后，冠礼逐渐简化、衰微。宋代时，一些有识之士如司马光、朱熹等人高度重视通礼，力倡恢复，政府也曾强令推行，但效果不太明显。元代成人礼再告衰微，至明代又受到统治者和士大夫的重视，冠礼再度复兴，"男子年十五至二十、皆可冠"，自皇室成员至市井庶民都有所践行。清代由于统治阶级的高压政策，传统的冠礼受到抑制，但是民间一直有人在坚持施行。到了当代，中华人民共和国成立后的二、三十年间，礼学的研究陷于沉寂，冠礼问题亦不例外，其间鲜有论述。从20世纪70年代末期开始，礼学逐步复兴，冠礼的研究又引起学术界的重视。

近年来，成人礼又登上时代的舞台。有识之士大力提倡复兴成人礼，不少学校、书院等纷纷举办多种形式的成人礼。这是因为成人礼是素质教育的一种有效渠道，教育的最终目的是培养具备强烈社会责任感，能够凭借自己的知识和技能成为造福社会的有用人才。当代青年拥有优厚的教育条件，却往往不具备成熟的心智和积极的心态，不能正确认识自己在社会

▶ 成人礼

和家庭中的地位，不懂得承担自己应有的责任。因此，复兴成人礼对于当代青年具有特殊的教育意义。通过成人礼教育，可以让青年进一步明确人生目标，激励自身努力学习，提升素养，成才建业，感恩父母，报效祖国，实现自己的人生价值。

尽管成人礼得到越来越多的认可和实践，但成人礼的复兴还需要不断涌现出各种因地制宜、因生制宜的文化创意及设计构想。

二、当代成人茶礼仪设计

基于成人礼"标志着少年已成人、明确社会责任"的传统文化意义，再结合现代情理，我们以"长辈三次赐茶""成人少年礼成敬茶"为主要仪式内容设计了一套成人茶礼仪，以供大家参考。

1. 礼仪准备

（1）时间的确定。18岁的虚岁生日当天（满17岁为虚18岁）；或是其间选择一天。

集体举行时，可选择在高中毕业或大学入学初期的某个周末，或五四青年节等节日。

仪式开始的准确时刻：早上9时（象征少年如同8、9点钟的太阳，充满希望）。

（2）参加人员的确定。参加成人茶礼仪的人员可单独举行或在学校集体举行。

司仪：以家庭形式举行时，可以请德高望重的长辈；在学校举行时，可以请老师或是学长担任。

助手：哥哥姐姐或学长。

尊长：仪式对象的爷爷奶奶、祖父祖母、父母亲、叔叔阿姨、老师等。

兄友：仪式对象的兄弟姐妹、同学、朋友等若干。

司仪：至少提前十天，登门隆重邀请，以示尊敬。

▶ 祖屋大厅

其他参加人员：至少提前一周邀请。

（3）场地选择和布置。

场地选择：家庭形式的成人礼以祖屋（祠堂）大厅为最佳，也可以在家里厅堂举行。

学校集体举办时，可以选择大礼堂或报告厅。

场地布置：在祖屋（祠堂）或家里厅堂举行时，正对门口摆放行礼茶席。

在学校大礼堂或报告厅举行时，行礼茶席布置在台上。

客人席位可根据场地摆成半圆形或直条形，最前排的中间为尊长席，左右边为兄友席，后面的整齐排列。

行礼泡茶台：长条桌（坐式尺寸：88厘米×60厘米×70厘米）（席地尺寸：88厘米×60厘米×48厘米），配以高度适中的无靠背的凳子。

茶席布置：行礼台从下至上依次铺垫三层：深蓝色底布（寓意和谐、沉稳）、白色间隔茶旗（寓意纯洁、尊敬）、绿色的面层茶旗（寓意青春、努力）。

茶席配花：文竹——文雅之竹，寓意永恒、洁雅。

家庭形式举行时，其他茶桌皆铺上深蓝色底布，每人一杯茶，配上茶点（一份水果、一份干果、一份糕点）、纸巾。

在学校举行时，每个座位上要配一杯茶（或用瓶装矿泉水代替）。

背景音乐：中华民族音乐。

（4）泡饮器物准备。

沏茶器：白瓷盖碗、粉瓷盖碗、青花盖碗，数量根据行成人礼的人数来定。

其他：每位行礼少年需配水方一个、茶巾一条、茶罐一个、茶荷一个、茶道组合一套、烧水器一组、奉茶盘一个。

茶叶：优质的绿茶、红茶、黄茶适量。

（5）茶水准备。尊长赐给行礼少年的绿茶、红茶由助手们在赐茶前3分钟沏好。

敬尊长的茶由行礼少年当场沏泡。

（6）着装准备。参会者穿本民族服装最佳。

行成人礼少年在行礼前可着学生装。

尊长为行礼少年准备好本民族的成人服装一套。

▶ 白瓷盖碗

（7）礼仪修习。即将参加成人礼的少年需提前学习烹茶的礼仪，沏茶、奉茶时要举止大方，形态端庄，进退有礼。

还要着重学习本民族的礼节，如汉族常用礼节：

揖礼（拱手礼）：男子左手抱右手（女子右手抱左手），手藏在

▶ 拱手礼

袖子里，双臂前伸如环抱，举手过额，鞠躬90°，然后起身，同时环抱的双手再次齐眉，然后手放下。

领首礼：答礼，用于受礼者对施礼者的答谢。叉手于腹部，微微地鞠躬颔首。

助手们也需提前练习站姿、走姿、托茶盘等仪态。

2. 仪式流程

第一步：仪式开始

司仪简略介绍孩子的成长经历，并介绍重要贵宾——尊长们、兄友代表。告知成人茶礼的流程，宣布今天是孩子的成人礼，敬请大家见证。

第二步：长辈赐绿茶——告别童年

起音乐，孩子走上舞台，助手们用茶盘端出白瓷盖碗沏好的绿茶，恭请长辈（爷爷／奶奶／父亲／母亲／老师）赐茶给孩子，孩子受茶，回礼答谢。

孩子象征性地品一口茶，将茶杯放回茶盘。

第三步：长辈赐衣冠

长辈将事先备好的本民族成人服饰赐给孩子。

司仪唱词起：

示例一："孩子，从今天起，你就要告别青涩的童年，不可再任性顽皮，你（你们）已成人，绿茶充满着生机，象征着希望。毛泽东曾对青年们寄语：'世界是你们的，也是我们的，但归根结底是你们的。你们青年人朝气蓬勃，正在兴旺时期，好像早晨八九点钟的太阳。希望寄托在你们身上。'"

示例二："从今以后，你（你们）不仅是父母的子女，老师的学生，更是共和国的公民，你（你们）不仅可以享受法律赋予的权利，更要尽一份义务，也多了一份责任。"

孩子受衣冠，施礼退场更换成人服饰。

第四步：兄友奉红茶——祝福成人

重新着装的孩子步上舞台，助手们用茶盘端出白瓷盖碗沏好的红茶，恭请兄友将茶奉给孩子，孩子受茶，回礼答谢。

司仪唱词起："祝福你（你们）已长大成人，祝你的学业日日长进，未来的事业红红火火。"

孩子象征性地品一口茶，将茶杯放回茶盘，恭送兄友离台回座后，步行至泡茶席前。

第五步：礼成沏黄茶——回报尊长

孩子按沐手、洁杯、置茶、投茶、润茶、注水的步骤冲泡好黄茶（取黄茶尊贵之意）。捧茶盘行至尊长席前，敬茶给尊长，受茶尊长以叩指礼答礼。

报恩致辞："感谢你们的养育（或教诲、关爱），从今天起，我已成人，我将时时谨记，孝敬长辈、友爱兄弟、敬德修业。"

第六步：宣"成人誓言"。

孩子回到台中位置，庄重地宣"成人誓言"。

示例：我是中华人民共和国公民，在十八岁成年之际，我立志成为有理想、有道德、有文化、有纪律的社会主义公民。遵守宪法和法律，正确行使公民权利，积极履行公民义务，自觉遵守社会公德。服务他人，奉献社会；崇尚科学，传承文明，追求真知；完善人格，强健体魄，为中华民族的富强、民主和文明，艰苦创业，奋斗终生！

宣誓人：×××。

然后行大礼致谢。

第七步：礼成祝福

司仪宣布礼成，亲友赠礼品，表达祝福，或留言于册，或合影留念。

说明：条件不具备时，以下要素可以进行变通。

（1）茶叶可以只用一种。

（2）白瓷盖碗可以用品茗杯代替。

（3）赐赠的服装也可以用其他合适的中式服装代替，但忌用西装。

（4）兄友奉茶环节可以改为献花或用其他方式来代替。

第三节　婚嫁茶礼仪

如前所述，唐代兴起的"茶礼"历经宋元明清直到当代，从萌芽、演变到发展，几乎成为婚俗的代名词。千百年来，中国人在恋爱、定亲、婚嫁等诸方面，始终把茶当成媒介和吉祥美满的象征。几乎从订婚到完婚的各个阶段皆以茶命名，很多地方，"三茶六礼"成为举行完整婚礼的代名词。因不同民族、不同地域对于茶礼的学习和教化并不雷同，从而产生出各具特色的婚嫁茶礼仪。

示例：畲族"宝塔茶"

主要分布于福建、浙江、广东等省份的畲族是一个种茶爱茶的民族，其很多生活习俗都与茶密不可分。以婚俗为例，生活在福建霞浦一带的畲族婚礼仪式过程中有一个特别的"喝宝塔茶"的环节：

在成婚当日，男方请来"亲家伯"（男方父母的代理）一人，赤郎（歌手）一人，赤娘（伴娘）二人，行郎（抬嫁妆、送礼物）若干人组成迎亲队伍，由媒人带领，挑着礼品去女家接新

▷ 喝宝塔茶

娘。迎亲队伍到女方大门时，媒人放三只双响鞭炮，报讯迎亲队伍来到，女方在门内也放两只鞭炮，表示做好迎接。迎亲队进到女家中堂，要把礼物一一摆到桌上，予以公开亮相，派四人站在右边，女方也请四人来，把迎亲的四人请到左边去，然后女方的"亲家嫂"用樟木红漆八角茶盘端上"宝塔茶"（五碗热茶像叠罗汉式叠成3层：一碗垫底，中间3碗，围成梅花状，顶上再压一碗，呈宝塔状而得名），赤郎须全部接过，先用嘴衔取宝塔顶上的那碗茶，再以双手挟住中间那3碗茶，连同底层的那碗茶分发给站在边上的四个人喝，然后自己一口喝干咬着的那碗热茶（不许倒掉或漾出，以示智勇双全），喝干茶水后将碗送还女方。

在喝"宝塔茶"的过程中，通常还要进行对歌。当"亲家嫂"端出"宝塔茶"准备敬茶时要唱一段歌，而赤郎接"宝塔茶"前要先进行和唱，其歌词大意是："端凳郎坐真客气，又来泡茶更细腻；清水泡茶甜如蜜，宝塔浓茶长情意"。从中不难看出，"喝宝塔茶"这种迎亲礼节既是对男方通情达理和智慧才干的考验，也是畲家人借茶味之清甜悠长表达对甜蜜持久婚姻的美好祝福。

一、传统婚嫁中茶的象征意义

在中国传统中，男大当婚，女大当嫁，婚姻被称之为"终身大事"，也是孝礼中的一项重要内容。《礼记》称："将合二姓之好，上以事宗庙，下以继后世。"那么，茶如何成了婚嫁中的重要示礼之物呢？究其因由，主要有以下四点。

传统婚嫁中茶
的象征意义

其一，茶性"纯洁、坚贞"。明代许次纾（1549—1604年）在《茶疏考本》中说得很明白："茶不移本，植必生子"。明代学者陈耀文所撰《天中记》："凡种茶树必下子，移植则不复生，故俗聘妇必以茶为礼，义固有所取也。"由此看来，行聘用茶，并非取其经济或实用价值，而是暗寓婚约一经缔结，便绝无反悔，这是男家对女家的希望，也是女家应尽的义务。

人们将茶树不能移植的特性象征为对婚姻的"坚贞不移"，含蓄地表达了"从一而终"的婚嫁理念，已经受过人家的"茶礼"，便有信守不渝的义务。

其二，茶树多籽，象征子孙"绵延繁盛"。

其三，茶树四季常青，寓意爱情"永世常青"、祝福新人"相敬如宾""白头偕老"。

可见，茶的本性与品格特征几乎完美契合了古代人们对"从一而终""儿孙满堂""白头偕老"的美满婚姻的所有愿景。

▶ 婚礼茶具

其四，中国传统的儒家文化将茶性与君子的人格相联系。茶性平和、清净、精简而又恬淡，成为高尚品德与情操的象征。结婚过程之中以茶待客、以茶为礼，不仅能够传达真挚美好的情义，同时也是婚姻双方家庭或家族礼仪修养的标志，可以说，被充分赋予君子品性的茶礼是茶文化在缔结婚姻过程中的集中体现和充分应用。

因此，以茶为礼的婚俗之所以能够在社会上盛行并且流传下来，并不是由于茶这种植物具有多么昂贵的价值，而是基于茶的文化内涵以及象征意义。此时的茶礼，其内涵早已超出了茶本身的范围，变成了婚俗嫁娶当中诸多礼节的代名词，并且在茶礼文化的熏陶下，中国人养成了温和敦厚、彬彬有礼的民族性格。

二、当代婚庆典礼中的茶礼仪

正如茶饮随中国社会生活的变迁历久弥新，密不可分，婚庆茶俗也随岁月推移绵延至今。在当今，婚恋嫁娶中，虽然在形式上可以简化，但婚庆茶礼中所蕴含的"纯洁""坚贞""幸福"的文化内涵依然广受认可和传承，这不仅是对传

当代婚庆典礼中的茶礼仪

统文化的一种彰显，而且通过简单而不失庄重的敬茶仪式，还能为人生中这一特殊的时刻烙下美好的印记，为增进家人和睦奠定良好基础。

在当代婚庆典礼中，新人敬茶是重要的环节，为确保礼数周全，要做好如下准备工作。

1. 礼仪准备　婚庆典礼中的敬茶仪式，是在婚礼过程中进行，所以时间、场地、邀请的客人不须另作安排。礼仪准备只包括茶席布置、沏茶器具、沏泡食材和茶水准备。

▶ 茶席布置

（1）茶席布置。以喜庆为主，一般红色的茶布垫底，上铺印金色喜庆图案的茶旗，红烛台一对，配上装有花生、枣子、喜糖的食盘。

（2）沏茶器具准备。奉双亲用盖碗单杯泡，所用茶器如下：

▶ 给长辈奉茶

盖碗杯：用于给双方长辈奉茶用，容积120～150毫升，数量根据双方到场的长辈人数而定，最好事前告诉长辈盖碗杯的使用方法，避免到时出现只接茶碗而留下杯托的尴尬场面。

奉茶盘：一个。

茶具的图案花色：所用盖

▶ 婚礼茶具

碗、茶盘以带有双喜图案的为最佳，也可以用素雅或喜庆的单色杯盏，但要避免"寿"字、独龙或青松翠柏等图案。

（3）沏泡食材准备。选用茶叶、莲子、红枣等，还可加入适量的红糖或蜂蜜调味。

①莲子。注意莲子不要切开，必须是完整的，因为切开两半就有分开的意思，更不要把它退皮（去衣）露出白色而跟结婚（红事）相冲。总之，选用带皮的整个莲子才是最好的。

②红枣。红枣代表鸿运当头，一定要选用带核的红枣，因为核即种子，代表子孙，所以带核的红枣寓意开枝散叶、早生贵子。

③茶叶。泡红茶最适宜，其汤色红艳，滋味甜润，寓意红红火火，欢庆祥和，要避免用减肥茶之类的茶叶，因为传统婚礼讲求好彩头（"意头"也是吉利之意，但不是普通话而是粤语的音译），最好家肥屋润，添福添财。

（4）茶水准备。

①提前将适量的茶叶和配料投入茶壶，冲泡好，用于给前来贺喜的亲友奉茶。

②在给双方父母奉"改口茶"前5分钟，用开水将盖碗烫洗干净后，在每碗中放入红茶1克、莲子2粒、红枣2颗、红糖适量，然后用开水冲至七分满，盖上杯盖。

2. 敬茶礼仪

第一步：新郎新娘登场，司仪宣布"改口茶"敬茶仪式开始。

第二步：恭请双方父母，按男左女右入座。

第三步：新人敬茶。

新郎新娘或跪或站，入乡随俗，但一定要恭敬。伴娘将事先备好的茶盘端上，新郎先呈起第一杯茶，向岳父敬茶，改口称："爸爸，您辛苦了！"；岳父接过杯，示意性品一口，表示赞赏，赐红包或其他纪念品，同时可以道"恭喜"等祝福语。

▶ 新郎新娘登场　　▶ 恭请双方父母

▶ 新人敬茶

　　新郎先呈起第二杯茶，向岳母敬茶，改口敬称："妈妈，您辛苦了"；岳母接过杯，示意性品一口，表示赞赏，赐红包或其他纪念性物品，同时可以道"恭喜"等祝福语。

　　新娘向公公、婆婆敬茶，并改口称呼。公公、婆婆同样赐红包或其他纪念品，并说"恭喜"等祝福语。

　　第四步：礼成，恭送父母退场。

　　此外，新郎敬茶给新娘父母后，依长辈辈分高低先后敬茶给祖父母、伯父伯娘、叔父叔母、哥哥姐姐、堂兄堂姐、表哥表姐等。有些地方习俗是先敬茶给祖父母，再敬父母。

3.注意事项

（1）新人敬茶要双手持杯，上半身成鞠躬状，双手向前将茶杯举到父母胸前40厘米左右的距离，以便父母身体不用动就可以双手接到茶杯。

（2）当父母示意性地喝完茶后，新人要双手接过茶杯，交还给伴娘或专门的礼仪人员。父母赐礼给新郎新娘（可以是红包，也可以是祖传的玉器等物品），并道些祝福之语，新人应双手接过礼品，并表示感谢。

（3）以茶待客时要注意"茶满欺人""七茶八酒"之说，也就是斟茶时不能过满，以七分满为佳。此外，奉茶时不要单手上茶，勿将手指搭在茶杯杯口上或是浸入茶水中，这些动作都是很不礼貌的。

此外，敬茶的先后次序等可以根据各地风俗调整。

4.伴手茶礼

由于生活水平的不断提高，婚庆宴席中传统的伴手礼——香烟与糖果逐渐被一些更合乎时代的创新礼品所代替。因茶性与人们对婚姻的美好祝愿十分契合，同时也由于人们已普遍认识到茶有益于人体健康，近年来，婚庆专用茶礼品成为常见的婚宴伴手礼。以下创意供大家参考。

▶ 伴手礼

（1）茶品。用当地的特色茶产品，也可以用具有一定收藏价值的黑茶、白茶。

（2）外形。心形、双心形、牵手形，或者根据新人的职业、喜好进行创意。

（3）外包装图案。新人照片、龙凤、鸳鸯、新人生肖、新人名字等。

（4）包装材质。木制、纸质、皮质、藤条、金属的礼盒，或是麻、锦缎等布质礼袋。

（5）茶叶体积与重量。宜轻不宜重，宜小不宜大，精致为上，方便携带。

（6）其他。标上致谢语（可由新人亲手签上名字），以及结婚日期，以示纪念。

第四节　寿庆茶礼仪

一、茶是"长寿"的符号

自古以来，老人长寿都有雅称，如喜寿、米寿、白寿、茶寿之说。1983年，哲学大师冯友兰与逻辑学大师金岳霖同做八十八岁大寿时，曾写了一副妙联相赠好友："何止于米，相期以茶；论高白马，道超青牛。"上联表达了期待二十年后与金老再次互相祝寿的愿望，下联则是高度评价金老的哲学底蕴。上联中的"米"和"茶"指的就是"米"寿和"茶"寿。"米"寿指的是八十八岁，因为米字的笔画是由"八""十""八"组成；而"茶"字的草字头即双"十"，相加即"二十"，中间的"人"分开即为"八"；底部的"木"可分为"十"和"八"，相加即"十八"，中底部连在一起构成"八十八"，再加上字头的"二十"，一共是"一百零八"，故而活到一百零八岁雅称"茶寿"，"茶"也成为长寿的符号。

饮茶有助于长寿的观点古来有之，茶圣陆羽在《茶经·七·茶之事》中，收录了僧人道说的《续名僧传》的记载："宋释法瑶，姓杨氏，河东人。永嘉年间过江，遇沈台真，请真君武康小山寺。年垂悬车，饭所饮茶。永明中，敕吴兴礼致上京，年七十九"。这件奇闻说的是南朝宋代曾有一位叫法瑶的长寿高僧常常以茶（荼）代饭，意在指出长期饮茶有延年益寿的功效。而陆廷灿在《续茶经·七·茶之事》中，收录了北宋翰林学士钱易编撰的《南部新书》的内容："大中三年，东都进一僧，年一百二十岁。宣皇问服何药而至此？僧对曰：'臣少也贱，不知药。性本好茶，至处惟茶是求，或出日过百余碗，如常日亦不下四五十碗。'因赐茶五十斤，令居保寿寺，名饮茶所曰茶寮"。这段轶事告诉人们，120岁高寿的老僧人长命百岁的秘诀就是长期大量饮茶。

到近现代，深受西方科学思想影响的有识之士也同样肯定茶助长寿的观点。如，革命先驱孙中山先生（1866—1925年）曾指出："中国所饮者为清茶，所食者为淡饭，而加以蔬菜豆腐。此等食料，为今日卫生家所考得最为有益于养生者也。故中国穷乡僻壤之人，饮食不及酒肉者，常多上寿。"现代学者林语堂也说："我毫不怀疑茶具有使中国人延年益寿的作用，因为它有助于消化，使人心平气和"。

二、以茶祝寿的礼俗

寿庆礼俗活动兴起于清代康熙、乾隆年间，至道光、咸丰时期发展到高潮，民国以后逐渐衰退。因"茶"象征长寿，以茶祝寿顺理成章。清帝诞辰的布宴称万寿宴，大多宴设太和殿或圆明园正大光明殿，但乾隆七十岁寿庆时宴设避暑山庄。仪式皆事先由礼部奏请。届时，皇帝升座，中和韶乐作，奏"隆平"乐章。尚茶正（官名）进茶，皇帝用茶，众各于座次行一叩礼。赐茶时以侍卫（官名）分赐，众如例行一叩礼，茶毕再行一叩礼，乐止。此外，清廷还通过举办敬老的"千叟宴"来促进君臣关系，赐茶也是"千叟宴"中重要的一环。

以茶祝寿的礼俗

作为南方古代汉族移民群体，客家人有着敬老的优良传统。每当有族人进入花甲之年，在老人生日那天，子女要为其举办寿宴，邀请亲朋好友和族人来为父（母）亲祝寿。第二天，主家还要请来客们一起吃擂茶，以示对寿者祝贺的答谢，故此茶称为"做寿答礼茶"。

四川宜宾有"娘家父母大寿，女儿要回家烧茶"的习俗，就是当娘家父母60大寿时，已出嫁女儿要在婆家准备好茶食、糖果，等办寿宴那天带回娘家。寿宴当天，女儿要亲自泡好茶，摆上茶食、糖果招待客人，以示对父母的孝敬，俗称"烧茶"。

江西婺源民间流传的所谓"寿礼茶"，即寿诞时赠送的礼品上面，一定要放一枝茶梢，红色的礼品配以绿色的茶叶，既显示生机盎然，又寓意多福多寿。

祝寿离不开茶不仅汉族人认同，喜欢饮茶的少数民族也不例外。例如，瑶族人家老人做寿时也要煮"寿茶"招待客人。第一碗为糖茶，茶汤里面放一只鸡蛋，边喝茶边要说："托老人家的寿，托老人家的福"，寓意祈望自己也能如老人般健康长寿。第二、三碗茶与一般油茶制法相同。茶汤里的鸡蛋一般在喝第三、四碗茶时再吃，如果客人在喝第一碗茶时就吃掉了，主人就会在上第二碗茶汤时重新添加。

作为礼仪之邦，中华民族一向有着尊老敬贤的美德，而庆寿就是这种美德在家族、社会的体现。礼仪是人群互相礼敬的产物，故它是人自身的尊严所在，庆寿礼仪体现了人类自身的尊严与价值。

从主体上看，给家族长辈庆寿既是社会生活又是家庭生活的重要内容，而且是"家政大事"，是社会人情往来的事件之一，是一种协调家族成员、亲友、同僚关系的重要手段。它有利于人际关系的和谐、融洽，有利于在共同事业中的团结合作。庆寿是为表彰被祝贺者的既成业绩，树立典范，供他人效法，祝贺者用以表崇德报功，感恩戴德之意。从这个意义上讲，庆寿是人生中的一种荣典，是对老人在家族、社会的存在价值的肯定，子女表其孝，弟表其悌，友表其义，而共同表其礼。对于他人，尤其是对其家族晚辈则又是一种教育。总之，尊老、敬老是中华优秀传统文化的重要组成部分，也是社会文明程度的衡量标志之一。

三、寿庆茶礼仪设计

传统规范的寿典，主要由以下几部分构成：寿堂、拜寿、寿礼、寿宴、寿庆堂会。在此，我们在继承传统的拜寿礼俗的基础上，因时制宜，设计了以茶拜寿的当代新仪式。

寿庆茶礼仪
设计

1. 礼仪准备

（1）寿典发起人。在绝大多数情况下，寿诞者的庆典都是由其子女一辈和其他晚辈亲自出面筹划并操办的。此外，也有不少事业有成人士的寿庆是由单位、团体或下级、学生、徒弟等晚辈来出面筹划操办的。

（2）寿典时间。古时候的寿有类别之分，100岁称上寿，80岁称中寿，60岁称下寿。还有一种分类法是以120岁为上寿，100岁为中寿，80岁为下寿。旧时做寿还有必备条件，一是要有孙儿，二是父母已经去世。一个人如果父母健在，哪怕自己过了50岁，也不能在家中做寿，只能是过生日，这就是古人所说的"尊亲在不敢言老"。

民间一般以50岁才能做寿，故一般只为家庭中年龄超过60岁的最长者举办，寿典一般是在逢十的诞生日举行，且如上所说对整十的寿辰有特定的称谓，庆寿要比平时隆重得多。此外，有些地方还有"男不做十，女不做九"的讲究。它来源于我国的阴阳观念，在阴阳观念中，古人单数视为阳，双数视为阴。男为阳，阳数之极，女性庆寿放在逢八之年。广州地区忌"女作齐头，男作初一"。是说，女的不能在50、60、70这一类整数年祝寿，男的不能在51、61、71这类年头祝寿。如有违犯，则被认为太不吉利。

做寿日还可酌定，只不过按多年来的传统习惯，日期如果要变动的话，只能提前，而不能延后。

但如果是居委会、乡村为单位集体举办时，可集中在重阳节。

（3）发送寿贴。庆寿的请柬，也叫寿贴。当代做寿，一般首先由做寿者家属发红请柬，通告寿诞日，邀请亲朋好友光临庆贺。现在市场上有精美的寿贴出售，还可以定制，寿贴中需要填写的内容都留有空白。

▶ 《群仙祝寿》

　　请柬最迟在寿典前半个月发出。也有的不发请柬，用一封书信或用口信邀请。直系亲属一般不发请柬。

　　（4）寿堂布置。寿堂可设在家里，或在酒店，或在单位活动场所。

　　背景布置：主背景为全家福照片，或寿星夫妇照片，照片中间书"寿"字。或主背景为红色纱幔（绸布），中间挂"寿"字，两边书对联。如：一生为善八旬犹比苍松劲，半世无忧百载就如东海福。

　　除了挂"寿"字，还可以挂传统的八仙庆寿、五福捧寿、蟠桃献寿、鹿鹤同春等寿图。如果是给男性祝寿，就挂南极仙翁图、双龙献寿图；如果是给女性祝寿，就挂瑶池王母图、麻姑献寿图。这类挂在墙上的大型的祝寿图，一般都讲究装裱，装裱之后称为寿幛。

　　礼案布置：在寿堂正面的墙壁之上，摆上一张礼案（即一张方桌或八仙桌），上面除香案烛台外，还要根据不同情况，摆放祝寿用的鲜寿桃或用白面蒸馍制作的寿桃，蜡烛烛身可印有金色"寿"字或"福如东海""寿比南山"等吉语。寿礼开始时点燃蜡烛，既有祝贺之意，又增欢庆气氛，传统而不失温馨祥和。此外，桌上要预留摆放茶杯的位置。

　　司仪台及宴席中间可用鲜花装饰：均可选用红色康乃馨。因为康乃馨的含义就是：吾爱永在、真情、健康。

此外，中间通道至寿堂要布置大红绸子路引，一进大厅先给人一种视觉的冲击，把寿宴的喜庆气氛体现无疑。

当然，我们提倡简化寿堂布置，比如，挂上一个大"寿"字，贴一副对联，再摆一样祝寿吉祥物也是可以的。

（5）器物准备。有"寿"字图案或有寿桃等图案的三才盖碗杯。

优质茶叶：绿茶、白毫银针或是寿星喜欢的茶品。茶叶以"精"与"净"为标准，不需名贵，但必须精心挑选。

寿面、生日蛋糕。

音乐：祝寿歌

2. 庆寿仪式　庆寿仪式由司仪来主持，以示正式与尊敬。

第一步：司仪宣布寿庆仪式开始。

第二步：恭请寿星就位。寿星一般是由儿孙辈中的最小者或儿孙辈中最受寿星钟爱者在旁边搀扶着上台，端坐于寿堂中礼案之前的椅子上。

第三步：介绍嘉宾。如果来宾中有比较重要的人物，而大家又不太熟悉的话，司仪则向大家进行介绍。

第四步：初献茶——儿女辈敬茶。伴随着音乐，寿星的儿女们或是爱徒、学生上前敬献香茶，祝寿星福如东海，寿比南山。然后行三鞠躬拱礼。

▶ 寿桃盖碗杯

▶ 生日蛋糕

再献上祝寿的礼品。礼品一般为有纪念意义的金石书画、绣品、工艺品，也可以是衣服鞋帽，或是投寿星所好的其他物品。礼品可以单个人分别置办，也可以集体选购。此外，如果到场的来宾送来的贺词、贺信、寿联、寿诗等比较多，可以选择其中较有代表性的，由司仪当场宣读。

再由寿星的子孙们给寿星献花，行三鞠躬礼。

第五步：再献茶——孙子辈敬茶。伴随着音乐，寿星的孙子辈逐个上前敬献香茶，并祝爷爷（奶奶）"四季常青，岁岁平安"。然后献上鲜花，行三鞠躬礼。

▶ 敬茶

▶ 全家福

在这一过程中，可以通过放映视频或是子女或其他晚辈讲解（也可由司仪代替）那些值得回味、令人感动而幸福的家庭往事，让长辈们了解，他们的晚辈们在继承着这份感动和幸福，并以此作为动力去感染下一代人。以寿庆来传承家族风尚，借寿庆让亲友更加亲近。

第六步：三献茶——福寿同乐。司仪请服务人员（也可以是寿星晚辈，一般是女儿或孙女们）给每位客人奉上一杯茶，寿星邀请大家共品香茶。

然后是寿星的晚辈作为代表致辞答谢来宾，而寿星本人不做正式的答谢，在传统文化里这种做法叫作"避寿"，表示自己不愿意有劳大家前来为自己祝寿，以示谦虚。也有的寿星亲自致答词，畅谈几十年来的人生感受，并向大家表示谢意。

第七步：上寿面（生日蛋糕）、点蜡烛、寿星许愿吹蜡烛等。

第八步：拍"全家福"合影留念，司仪宣布寿庆活动结束。

拓展阅读

婚姻中的"六礼"

古代婚姻有"六礼"。《礼记·昏义》上开宗明义说："昏礼者，将合二姓之好。上以事宗庙，而下以继后世也，故君子重之。是以昏礼纳采、问名、纳吉、纳征、请期，皆主人筵几于庙，而拜迎于门外。入，揖让而升，听命于庙，所以敬慎重正昏礼也。……敬慎重正而后亲之，礼之大体，而所以成男女之别，而立夫妇之义也。男女有别，而后夫妇有义；夫妇有义，而后父子有亲，父子有亲，而后君臣有正。故曰：昏礼者，礼之本也。"近世常称婚礼为"六礼"，就是婚姻所必须遵行的六种仪节，也是婚礼进行应有的程序，把这六种仪节一一实践，一对男女才算是严肃的、合法的、正式的结合。

但是，古今六礼，殊不一致，自上古以至清末，部分的或存或废，历代都有变更。最早的六礼是周人所制，记载着周代各种礼仪的典籍《仪礼·士昏礼》中详细介绍了"纳采、问名、纳吉、纳征、请期、亲迎"这六种先后施行的婚事礼节。东汉学者郑玄（127—200年）所作《仪礼注》解曰："纳采用雁，将欲与彼合昏姻，必先使媒氏下通其言，女氏许之，乃后使人纳其采择之礼。……纳采而用雁为执者，取其顺阴阳往来。……问名：问名者，将归卜其吉凶。……纳吉：归卜于庙，得吉兆，复使使者往告，婚姻之事于是定。……纳征：使使者纳币以成昏礼。……请期：阳倡阴和，期日宜由夫家来也，夫家必先卜之，得吉日乃使使者往，辞，即告之。……亲迎：壻为妇主，爵弁而纁裳，玄冕之……所以重之亲之。"由此可见"六礼"承载着汉民族对于婚姻的慎重、礼敬和美好祝愿。

而东汉著名史学家班固（32—92年）撰写的《白虎通》（亦即《白虎通义》）卷九之"嫁娶"一节写道："《礼》曰：'女子十五许嫁，纳采、问名、纳吉、请期、亲迎，以雁贽。纳征曰玄纁，故不用雁'"，所记与《仪礼》大致相同，不过在程序上把纳征列在末端了。东汉魏晋之际的"乱世"，因当时战乱环境的影响，人多仓促成婚，而不备六礼，渐成社会风气。杜佑《通典》曰："自东汉魏晋以来，时或艰虞，岁遇良吉，急于嫁娶，乃以纱縠蒙女首，一而夫氏发之，因拜舅姑，便成婚礼，六礼悉舍。"依此说法，可知当时六礼悉舍，仓促成婚乃是适应"乱世"的权宜办法。

隋唐以后，在官僚、富商阶层中"六礼"又盛行起来，但后来有人认为"六礼"的礼节过于繁缛，行之不便，主张从简，以符合实际生活的需要。元末修撰的《宋史·礼志》记录了宋代"六礼"的简化："士庶人婚礼，并问名于纳采，并请期于纳征。"现代著名民间文艺学家李家瑞编纂的《北平风俗类征·婚丧》也谈及对于"六礼"的合并精简："《朱文公家礼》止用纳采、纳征、亲迎，以从简要。丘浚谓问名附于纳采，纳吉、请期附于纳征，六礼之目自在焉。乡绅士民悉准行之。"《朱文公家礼》是南宋理学家朱熹（1130—1200年）所著，由此可见，到南宋时代，"六礼"就兼并为"三礼"了。

明嘉靖十年颁发的《士庶婚礼》中说："问名、纳吉不行已久，止仿《家礼》纳采、纳币、亲迎等礼行之。"近代，各地所行者，仍为"三礼""四礼"，施行简繁因人而异，有的人家力求通俗方便，不拘礼节；有的人家明知"六礼"手续繁缛，也要遵行到底，以示郑重其事。

第六章　特色茶礼仪

来客不筛茶，不是好人家。
——民间谚语

山好好，水好好，入亭一笑无烦恼；
来匆匆，去匆匆，饮茶几杯各西东。
——茶亭楹联

　　中国民间以茶为礼，有多种多样的表现形式，几乎渗透到社会生活的各个方面。它不只是反映了人们相互之间的感情倾向，也反映了一种人所共知的社会心理。这种茶礼所给予人们的不只是一种物质满足，一种感官享受，更是一种精神慰藉。以茶为礼已远远超越了以茶为饮的保健功能，它是一种社会现象，是中华民族文化传统的一个重要构成部分。

▶ 以茶待客

▶ 藏族酥油茶

▶ 傣族竹筒香茶

▶ 基诺族凉拌茶

俗话说："十里不同风，百里不同俗"。中国是一个多民族的国家，各民族同胞皆欢快豪爽，热情好客，故以茶待客的传统礼俗古今皆在各民族的日常生活中流行，但由于各民族生存环境、历史文化、生活风俗、经济发展等条件的不同，不同地域、不同民族的茶俗茶礼各具特点，呈现百花齐放、异彩纷呈的局面。

如北京的大碗茶、广州的早茶、潮汕地区的工夫茶、白族的三道茶、藏族的酥油茶、蒙古族的咸奶茶、回族的盖碗茶、佤族的铁板烧茶、彝族、傣族的百抖茶、傣族的竹筒香茶等、基诺族的凉拌茶。……尽管形式多样，但都把茶看作是健康的饮料、纯洁的化身、友谊的桥梁、团结的纽带，"以茶表敬意"的待客之道是一致的。

在漫漫时光长河中，茶之良性与人之情怀相互交融，衍生出各族人民特有的饮茶习俗。虽形式各异，但相同的是中华民族以礼待客的优良传统，是对美好生活的殷切期盼，处处体现人与自然之间美妙而和谐的联结。本节将介绍最具代表性的民族茶俗风情，并从多样有趣的饮茶习俗中感受深入中华民族血液的"礼"文化。

<h2 style="text-align:center">第一节　白族三道茶</h2>

一、白族三道茶的起源

白族三道茶，白语叫"绍道兆"，是云南大理特有的一种礼俗文化。据有关资料记载，白族是一个有着悠久历史和灿烂文化的民族，于晚唐时期正式形成。唐代樊绰《蛮书》记载，南诏中后期和大理国时期，佛教在大理兴起，寺庙中提倡坐禅饮茶，香客和游客也喜欢饮茶止渴，使茶道得到进一步发展，而且随着白族中特殊的释儒阶层产生，茶俗中开始融入了人们对人生哲学的寄托与向往，教导世人要立业、要做事、要先吃苦，只有脚踏实地、勤勤恳恳，才能做出一番事业来，大多含有"先苦后甜""苦尽甘来""回头是岸"之意，三道茶饮茶习俗初具形态。明清时，白族儒生大量出现，读书在白族农村已蔚然成风，三道茶象征人生哲理的茶俗得到了加强和定型。明代《徐霞客游记·滇游日记十九》就记录了崇祯十二年(1639年)，在大理州宾川县鸡足山悉檀寺的元宵节灯会上，徐霞客作为贵宾，与长老们一起赏玩三道茶的情景："楼下采青松毛，铺籍为茵席，去桌跌坐，

▶ 白族三道茶

前各设盒果，注茶为玩，初清茶，中盐茶，次蜜茶，本堂诸静侣，环坐满室，而外客与十方诸僧不与焉。" 从中可以看出，明末时大理白族地区品饮三道茶已经有了成形的程式，而且只有具有一定地位的贵客才能参与赏茶。直到如今，喝三道茶仍是白族人民喜庆迎宾时高雅尊贵的礼遇。

白族三道茶的主要内容为主人依次向宾客敬献苦茶、甜茶、回味茶三道茶汤，这三道茶从滋味苦涩到香甜可口再到甜、酸、苦、辣各味俱全，其"味外之味"是先苦后甜，再回味无穷的人生感悟，三道茶习俗具有深刻的人生教育意义而深受白族群众喜爱，并发展成一种完整的白族特色茶礼仪。

二、白族三道茶礼仪

白族三道茶的特点是：礼数到位、选料讲究、器具精美、制作精心。

1. 礼仪准备

（1）材料。

"苦茶"用料：大理感通茶。

"甜茶"用料：下关沱茶、朵美红糖、邓川乳扇、漾濞核桃、桂皮。

"回味茶"用料：苍山雪绿茶、冬蜂蜜、花椒、姜、桂皮。

这些配料具有一定的药效和营养功能，在李时珍《本草纲目》等书中记载：

茶叶：清头目、除烦渴、化痰、消食、利尿、解毒。

红糖(蔗糖)：清热、生津、下气、润燥，可治便秘、酒精中毒。

乳扇：补虚损、益肺胃、生津、润肠。

▶ 白族三道茶材料

核桃仁：食之令人肥健、润饥，黑须发；多食利小便去五痔。

干姜：治嗽温中，治胀满、霍乱不止、腹痛、冷痢、血闭。

花椒：除风邪气，温中，去寒痹，坚齿发，明目。

桂皮：利肝肺气，心腹寒热，霍乱转筋，头痛、腰痛、出汗，止烦止唾……久服，神仙不老。

（2）器具。

镶以木架的铸铁火盆；

铜制烧水壶；

木制中、小型托盘，圆形、长方形、六角形均可；

陶制小砂罐；

放原料的大瓷碗8个，加小调羹；

▶ 铸铁火盆

大、中、小型的品茗杯，小茶杯如牛眼睛大小，故又称"牛眼睛盅"。

（3）着装。

俗话说："要得俏，一身孝"。尚白的(大理)白族，就是以白色作为服饰的基色。白族男子一般穿白衫、长裤、裹腿、草鞋、外罩黑领褂，或皮质或绸缎，质料考究，俗称"三滴水"，腰系兜肚，下着黑色或蓝色长裤。

一直以来享有"金花"美誉的白族妇女的服饰，更是色泽鲜美，绚丽多彩。妇女多穿白上衣、红坎肩或是浅蓝色上衣配丝绒黑坎肩，右衽（rèn）

▶ 白族服装

▶ 洱海

结纽处挂"三须""五须"的银饰，腰间系有绣花飘带，上面多用黑软线绣上蝴蝶、蜜蜂等图案，下着蓝色宽裤，脚穿绣花的"白节鞋"。

最有特色的是白族姑娘戴的头饰，有"风花雪月"之称。"风花雪月"指的是大理最著名的四大景观：下关风，上关花，苍山雪，洱海月。

大理的下关（地名）是一个山口，这是苍洱之间主要的风源，风期之长、风力之强为世所罕见。下关风终年不停歇，对气候调节起着重要的作用。

上关（地名）是一片开阔的草原，鲜花铺地，姹紫嫣红，人称"上关花"。大理花卉品种之多举世瞩目，仅茶花一类就多达40多个品种，"家家流水，户户茶花"早已传为佳话。

雄伟壮丽的苍山横亘大理境内，山顶白雪皑皑，银装素裹，人称"苍山雪"。

洱海风光秀美，每到月夜，水色如天，月光似水，人称"洱海月"。

白族少女的头饰上，垂下的穗子代表下关的风；艳丽的花饰代表上关的花，帽顶的洁白象征苍山雪，弯弯的造型象征洱海月。

2. 烹饮礼仪

第一步：恭迎宾客。主人请客人入座，一边谈心，一边吩咐家人忙着架火烧水。等水沸开，就由家中或族中最有威望的长辈亲自司茶。

▶ 敬献苦茶——泡茶汤

第二步：敬献苦茶。司茶者将一只砂罐置于文火上烘烤，待罐烤热后，取适量茶叶放入罐内，不停地转动砂罐，使茶叶均匀受热，待罐内茶叶发出"啪、啪"响声、叶色转黄、发出焦香味时，立即注入沸水。片刻后，主人将沸腾的茶水倾入小茶杯（牛眼睛盅）。因白族有"酒满敬人，茶满欺人"之礼，茶汤只倒半杯，然后用双手举杯献给客人。客人应一饮而尽。由于这种茶经过烘烤、沸水冲泡而成，茶汤看上去色如琥珀，闻起来焦香扑鼻，喝下去滋味苦涩，故称之为"苦茶"，寓意做人的哲理："要立业，先吃苦"。

第三步：敬献"甜茶"。当客人喝完第一道茶后，主人重新用砂罐置茶、烤茶、煮茶。与此同时，将小茶杯（牛眼睛盅）换成容积稍大一点的品茗杯，放少许红糖、核桃仁片、烤乳扇、桂皮等，待茶汤煮好，倾入八分满，敬献给客人。二道茶甜且有乳香味，十分可口，具有丰富的营养价值，称之为糖茶或甜茶，寓意"人生在世，做什么事，只有吃得了苦，才会有甜香来。"

第四步：敬献"回味茶"。司茶者先将蜂蜜、花椒、姜片、桂皮末等按比例放入大型茶杯中，然后冲入沸腾的茶水，以半杯为度。客人接过茶杯时，一边晃动茶杯，使茶汤和佐料均匀混

▶ 敬献"回味茶"

合，一边"呼呼"作响，趁热饮下，此道茶集甜、麻、辣、茶香于一体，各味俱全，饮时别有风味，令人回味无穷，故名"回味茶"。它示意人们，凡事都要多"回味"，切记"先苦后甜"的人生哲理。

此外，一般每道茶相隔3～5分钟进行，还得在茶桌上摆放松子、瓜子、糖果之类的茶点，以增加品茶情趣。在以茶待客的同时，还会伴之以白族民间的与茶道相适应的诗、歌、乐、舞，为宾客的品赏烘托出心灵感应、情感交流的艺术气氛，使人顿生荣宠之感，总之，三道茶是白族人民待客交友的高雅礼仪。

人们常说品茶如品人生，白族的三道茶深刻又生动地展示出要体会人生、珍惜人生、奋斗人生的道理。有苦才有甜是人人皆知的，但有了甜蜜回其味的，恐怕就不是每一个人都能做到的了。所以，白族人把三道茶又称为"教子茶"，它也是白族人精神品质的修养之道。

第二节　藏族酥油茶

藏族酥油茶

一、茶是藏族同胞的生命之饮

由于生息于得天独厚的茶的故乡，我国各民族人民绝大多数都有饮茶的习惯，但把茶作为不可缺少的生活必需品的，则首推藏族。藏族人对茶的至爱至嗜，可谓无人能及。"一日无茶则滞，三日无茶则病。""茶是血，茶是肉，茶是生命。"这些谚语形象地描述了茶对于藏族人民的重要性，正如《滴露漫录》所记载："茶之物,西戎吐蕃,古今皆仰给之,以其腥肉之食,非茶不消;青稞之热;非茶不解"、藏族"不可一日无茶以生"。藏民族如此"嗜茶"的习俗，与他们所处的独特的自然条件和社会环境息息相关。

（1）生活需求。青藏高原饮食以肉食品、乳食品为主食，热量高，需要以茶助消化。

（2）生理需求。青藏高原缺少蔬菜、水果及其他矿物质和维生素，需要以茶替补。

（3）环境需求。藏族人民居住在平均海拔4500米以上，年平均气温零下4℃左右的高原地区，寒冷的气候需要热量，干燥的空气需要润湿，饮茶可以起到抗寒、缓解高原缺氧和干燥的作用。

（4）经贸需要。自唐代以来，茶叶经济贸易是藏汉政治联系的重要纽带，对维护祖国统一起到积极作用，促进了两地民族经济的互通互补和社会经济的发展。藏汉民族在长期的茶叶贸易中，结下了深厚的民族情谊，促进了中华民族的团结和统一。1985年，西藏自治区成立20周年时，中央政府在雅安茶厂订购了40多万份"民族团结"牌的茶砖作为礼品，传为佳话。

正因为茶对藏族同胞的重要性，茶不仅是"生命之饮"，往来礼品中亦不可缺茶：迎宾送客、婚丧嫁娶、逢年过节离不开茶；拜见头人、活佛、上师、长辈的礼品中不能缺哈达和茶叶；访友探亲的礼品中不能缺少哈达和茶叶；宗教活动不可缺少供茶，有钱的人家每年在本地寺院或到拉萨三大寺进行一次供茶活动；普通百姓在超度亡灵、避邪消灾、去病康复等宗

▶ 藏族酥油茶

教祈愿活动中，也依据自己的经济能力参与向寺院或僧侣布施的供茶活动。藏族的文学作品如民间故事、诗歌、谚语、现代小说或文艺作品如舞蹈、歌曲、绘画等，也常涉及茶或茶俗。

目前，西藏地区年人均茶叶消费量达15千克左右，为全国各省、区之冠。藏族常用的茶叶一般是砖茶、沱茶和红茶三种，甚少用绿茶和花茶直接泡水饮用，制成的茶饮料品种十分丰富，有酥油茶、奶茶、甜茶、清茶、面茶、油茶等，其中饮用最普遍、最有代表性的当数用砖茶、酥油、盐巴等为主料打制的酥油茶。

酥油是从牛乳中提制的粗制奶油，其主要化学成分是脂肪，是不能溶于水的油性食品，故酥油与水结合制作饮料本来是难以想象的，但藏族通过长期的实践，创造性地实现了酥油与茶水的完美结合，发明了适合高原地区饮用的最佳饮品——酥油茶，并形成独具特色的酥油茶品饮礼仪文化。

二、藏族酥油茶礼仪

1. 礼仪准备

（1）材料。优质砖茶或沱茶、酥油、核桃、盐巴、鸡蛋、花生、芝麻等。

酥油是从牛（羊）奶中提炼出的奶油，提取的方法既简单又别致：先将鲜奶加温煮熟晾冷后倒入圆形木桶中。桶中装有与内口径大小一样的圆

▶ 砖茶

▶ 沱茶

盖，中心竖立木柄。下安十字形圆盘，打酥油者紧握木柄上下捣动使圆盘在鲜奶中来回撞击，直到油水分离。这个过程就叫做"打酥油"。牛（羊）奶经过这样捣打后，其中的油质浮出水面，将它用手提出，压装于皮囊中，冷却后便成酥油，现在手摇牛（羊）奶分离器提取法已经逐步代替了手工捣制的旧工艺。

据古代藏医药学奠基著作《四部医典》载：酥油可以"聪明才智、升体温、强体质、长寿"，还可以用于治疗寒性病和热性病。

（2）器具。

茶桶：酥油茶桶是藏区普遍使用的打制酥油茶的器具，是由口小腹深的圆形木桶和带柄的活塞构成，有大小之分，一般桶身1米左右，直径15～20厘米。藏族茶桶一般可分为两种，即素雅型和装饰型。素雅型是指没有任何金属装饰的纯木制茶桶，装饰型是指铜镶银饰的茶桶。茶桶环箍用锃亮的铜皮装饰，桶口及活塞木柄亦以铜皮包饰。精致的小酥油桶铜包银镶鎏金，并安置讲究的背带，以便随身携带。

茶碗：木碗曾经是藏区使用最普遍的碗，无论牧区、农区，还是贵族、僧侣都以使用木碗为主。木碗有三类：一类为不做任何装饰的木碗；一类为碗口圆边及碗座以银皮包上；再一类为木碗几乎通体都用银皮包饰，在碗腰处只留指宽的部分，能看出碗胎是木质的，其上配有碗盖，其下有碗托，

▶ 茶桶

▶ 木碗

均为银皮包饰，其碗盖为塔形，雕银嵌金，顶端一颗红珊瑚或玛瑙等为手柄，碗托为盛开的八瓣莲花状，在碗胎上分别镶嵌以银质雕刻的八祥瑞图。

木碗有美观细致、经久耐用，盛茶不变味，散热慢，饮用不烫嘴，携带方便等诸多优点，深得藏族人民的喜爱。藏族由于游牧生活影响，形成了随身带碗的习俗，几乎没有公碗或通用他碗的习惯。即使在家中也要各自用自己的碗，出门要将自己的碗揣在怀中随身携带，或装藏碗套里，挂在腰边。

茶锅：铜锅、铝锅、铸铁锅、陶锅、砂锅、合金锅等。按其形状可分为宽口立劲圆腹形和收口翻劲圆腹形两种。

茶壶：藏族茶壶类型颇多，从其造型可分为瘦体型和肥体型两种。从质地可分为铜、铝、锡、釉陶制的茶壶。一般红铜茶壶的壶盖、壶颈、壶柄、壶嘴、壶口、壶底都用黄铜鎏金镶饰。黄铜茶壶的壶盖、壶颈、壶柄、壶嘴、壶口、壶底都用白银或白铜镶饰。釉陶茶壶以刻纹雕饰。

茶炉：是藏族特有的家庭温茶的火盆，腹大口小，有的口沿上有三个支点，用于承托茶壶；有的没有支点，直接由炉口承托。茶炉的形状也可分为肥体型矮身和瘦体型高身两种。

茶瓢：小瓢头长柄翻口型，主要用于簸扬茶水，使茶出色及盛倒茶水。

▶ 茶瓢

（3）服饰。藏族服饰主要是传统藏服，但不同的地域有着不同的服饰，其特点是长袖、宽腰、大襟。妇女冬穿长袖长袍，夏着无袖长袍，内穿各种颜色与花纹的衬衣，腰前系一块彩色花纹的围裙。藏族同胞特别喜

▶ 藏族服饰

爱"哈达",把它看作是最珍贵的礼物。"哈达"是雪白的织品,一般宽约二、三十厘米、长约一至两米,用纱或丝绸织成,每有喜庆之事,或远客来临,或拜会尊长,或远行送别,藏族人都要献哈达以示敬意。

2. 酥油茶的制作

第一步:制备茶汤。一般是先煮后熬,即先在茶壶或锅中加入冷水,放入适量砖茶或沱茶后加盖烧开,然后用小火慢熬至茶水呈深褐色、入口不苦为度,滤去茶渣。

第二步:正式打制。将茶汤倒入专门打酥油茶用的酥油茶桶,再加入酥油和适量食盐,用搅拌器在酥油茶筒里使劲搅打,使酥油、浓茶和食盐充分融合为一体。

第三步:温茶备用。把打好的酥油茶倒入锅或者茶壶里,放在火炉上加热,或马上饮用,或装入保温瓶中以备全天之用。

如果在上述的基础上再打进鸡蛋,然后加入准备好的核桃仁、花生、芝麻等物搅打溶化,就成为一桶更高级的酥油茶了。

3. 品饮礼仪 藏族常用酥油茶待客,喝酥油茶有一套规矩。

当客人被请到藏式方桌边就座后，主妇会立即奉上糌粑，这是一种用炒熟的青稞粉和茶汁调成的粉糊，也有捏成团子状的。随后，主人便拿过一只木碗(或茶杯)放到客人面前。接着主人(或主妇)提起酥油茶壶(现在常用热水瓶代替)，摇晃几下，按辈分大小，先长后幼，

▶ 品饮酥油茶

一一给宾客倒上酥油茶，再热情地请大家用茶，此时客人便可以端起碗来，先在酥油碗里轻轻地吹一圈，将浮在茶上的油花吹开，然后呷上一口，并赞美道："这酥油茶打得真好，油和茶分都分不开。"

按当地礼节，客人喝茶时，不能一口喝光，每次都要在碗里留一点，这被认为是对主人打茶手艺不凡的赞许，而主人总是要将客人的茶碗添满；如此二三巡后，若客人不想喝了，当主人把茶碗添满后，就把茶碗摆着不动；准备告辞时，可以连着多喝几口，但不能喝干，碗里要留点漂油花的茶底。这样，才符合藏族的习惯和礼貌。

第三节　湖南擂茶

一、擂茶的起源

擂茶又名"三生汤"，是以生茶叶(茶树鲜叶)、生姜和生米仁为主要原料，经混合研碎，加水后烹煮而成的汤，故而得名。擂茶既是充饥解渴的食物，又是祛邪驱寒的良药，但

湖南擂茶

实际上"三生"也并非只有三种食物，原料可以是多种多样的，故其还有"五味汤""七宝茶"等名称。

关于擂茶的起源，有许多不同的说法在流传，目前公认的说法是：湖南省的桃花源是中国正宗擂茶的发祥地。相传，建武二十三年夏天，东汉名将伏波将军马援带兵南征五溪蛮，路过乌头村(今桃源)时发生了瘟疫，将士纷纷病倒，当地居民便献茶为他们治病，其中有人敬献祖上相传数代的良方，制作成汤药，将士们喝后药到病除，从而大振士气，举旗大捷。

1992年，在湖南常德召开的第二届国际茶文化研讨会上，与会专家、学者赞誉"秦人擂茶"为全球茶界做出了特殊贡献，并一致认定湖南省桃花源为中国正宗擂茶的发祥地。

客观而言，"擂茶"是中国最早的古老的食茶方式，也是茶作为食用兼药用的见证。唐代诗人储光羲《吃茗粥作》诗云："淹留膳茗粥，共我饭蕨薇"，其中的"茗粥"即为擂茶的雏形。到了宋代，擂茶可谓是宋人饮茶方式的一种标志，南宋人路德章《盱眙xū yí旅舍》一诗借描写当时宋金交界处的盱眙之地的饮茶风情"道旁草屋两三家，见客擂麻旋点茶"慨叹"渐近中原语音好，不知淮水是天涯"，表达了对失陷的北方故土的怀念与痛惜；又据《都城纪胜》《梦粱录》等南宋笔记类著作记载，杭州"冬天兼卖擂茶""冬月添卖七宝擂茶"，说明宋时杭州人吃擂茶是较为常见的。

▶ 擂茶

千百年来，虽然随着社会的发展变革，饮茶的方式也不断推陈出新，但是饮用擂茶仍是一种具有深厚底蕴的文化习俗，至今，在湖南的桃源、桃江、安化、福建将乐、台湾新竹等地仍保留有饮用擂茶的习俗，特别是在湖南安化、桃江一带，打擂茶喝是十分普遍的，本地人不论节假日还是平时，不论春夏秋冬，家家户户、男女老幼几乎都已养成了打擂茶、喝擂茶的饮食习惯。如果家里来了客人，或遇到红白喜事，更是少不了打擂茶招待客人。

二、擂茶的制作

"擂茶"顾名思义，是以"擂"为主，其关键就是擂，即将茶叶与一些配料放进擂钵中捣碎，然后用沸水冲泡而成。

1. 制作工具　擂茶制作的工具十分古老原始，其中擂棍（棒）和擂钵为专用工具。

（1）擂棍（棒）。取材于樟、楠、枫、茶等可食的粗杂木，削成长短67～133厘米不等，上端刻环沟系绳悬挂，下端刨圆便于擂转。

（2）擂钵（盆）。口径20～25厘米，内壁布满辐射状沟纹而形成细牙的特制陶盆，有大有小，呈倒圆台状。

（3）鼎锅。用于烧水或煮茶的锅，铁或铝制。

（4）木勺、木盆、木碗等。均是木质的，木盆用于盛放擂好的茶汤，木勺用于搅拌，木碗用于分装擂茶汤招待客人。

除擂棍（棒）与擂钵外，其他都为辅助工具，可根据需要进行增减。

2. 制作配料　擂茶的基本原料是茶叶、米、生姜，此外，可以添加芝麻、黄豆、花生、橘皮，有时也加些草药。

各地制作擂茶时都需要通过研磨来粉碎食料，只是在配料的添加，擂茶汤的稀稠、咸淡调制方面有所区别。如，桃江擂茶一般放糖，成为"甜饮"；而桃源擂茶则放盐，大多为"咸食"；安化擂茶有甜有咸，有浓有稠，品种很多。按地域分,有梅城擂茶、大福擂茶、后乡擂茶等近十个类别;按季节分,每季每月几乎各不相同;按功能分,有止渴的、消炎的、防暑的、抗寒的、充饥的、解馋的……

打擂茶所放茶叶平时以干茶为主,其余佐料有米、盐、花生、黄豆、玉米、芝麻、姜、山胡椒等,其中米和盐是必用品,其他视家境和季节不同而变化,茶汤的浓度、咸淡讲究冬浓夏稀、冬淡夏咸。过去交通不便,安化一县之内不同地域之间擂茶风味也有差异,"前乡"的梅城、仙溪、清塘、大福四个区喝擂茶风最盛,习行打"米擂茶"(即米较多,喝时呈糊浓状),羊角塘一带则喜喝"清水擂茶"。"后乡"的六个区则主要在每年除夕及婚嫁喜庆时打擂茶。谷雨时节,县内居民都喜欢打擂茶,用鲜茶叶打出来的擂茶使人胃口大开,肝脾舒适,有俗语为证:"吃了谷雨茶,饿死郎中的爷"。

3. 迎客礼仪

示例: 梅城擂茶

▶ 梅城擂茶

由于梅城人常年喝擂茶，而且茶水也较稠，所需的原料很多，加工也比较费力，所以每家都会自制擂茶。有客人来，一般都是以擂茶招待客人。

（1）恭迎宾客。当有客人来到时，主人迎客入室，恭请入座。接着主人会立刻拿出擂棒、擂钵打擂茶招待，有歌谣云：

高山砍来山茶木，削个擂槌打擂茶。

先放茶叶花生米，再放豆子炒芝麻。

客人来了先请进，让客上坐喝擂茶。

（2）擂茶制作。为了茶香味浓，表达礼敬，主料一定要手工现场擂制。在擂钵中投入大米、芝麻、玉米、绿豆、黄豆、姜米、花生米、茶叶等配料，反复研磨成浆糊状，再用沸水调制，并加入适量食盐。或是将磨好的配料移至锅内，然后放在大小适宜的火上，一边加热水一边不停地搅拌，防止料沾在锅底，直至锅内水沸腾，再加入适量的食盐调味，此时，一锅各种配料混合着的香气弥漫开来，十分诱人。梅城有竹枝词云：

▶ 反复研磨

家家款客有擂茶，妇女逢迎笑语哗。

炒豆煨姜随意著，最宜还中炒芝麻。

（3）擂茶敬客。摆上吃擂茶配的点心（辅料）碟子，如花生、瓜子、南瓜子、红薯片等，多为炒熟的香脆之物，也有一两样副食品，边喝茶边吃碟子，打发饮茶间隙。

▶ 茶点心

主人操起竹筒勺子，给客人盛上一大碗擂茶汤，双手恭敬地递到客人手上。芳香四溢飞热气，梅城擂茶稠如粥，香中带咸，稀中有硬，通俗地说，就像香喷喷的稀饭。每碗擂茶里面，有咀嚼的，喝的，吃上一碗，就是一餐感觉不想吃饭，不觉饿。慢慢品味擂茶，细小的颗粒在舌尖上滚动，产生散漫的动感；润滑的擂茶水缓缓地流过舌尖，滑下喉咙，甜润在口、余味无穷。

礼节讲究：按照当地的习俗，如果客人喝完手里的这一碗就不想喝了，那么暂时不能把这碗擂茶汤喝干净，而要等到临走离开主人家时，再一口气喝完，然后告辞。

随着时代的进步，研发人员陆续推出了各式袋装擂茶、经冰箱冷却的冰擂茶等简便、易携带的擂茶产品。得益于此，擂茶不仅是安化迎客的礼节，也成为游客们馈赠亲友的健康礼品，走向了海内外。

▶ 敬擂茶

擂茶起源的传说故事

相传很久以前，夏日炎炎、久旱无雨、水田开裂、树枝干枯、黄土成铁、河道断流。安化、桃江一带的农民不但受到饥饿的威胁，就连水都难于喝上。一时瘟疫流行，大多数人都受到疾病的折磨。由于白天日照时间长，又连续多日高温，许多人浑身长满疱疮，最后溃烂不治而死。一时出现了四处随时死人，万户萧疏、田地荒芜的悲惨景象。

一日，烈日当空，一位白发苍苍的老汉，身穿灰色长袍，肩挎蓝色布包，手拄油茶木杖，步履蹒跚地路过那里，他正打算到溪边的茶亭里歇歇脚。走近茶亭，他看到地上躺着一位中年男子，双目紧闭、面黄肌瘦、仅穿短裤，浑身上下长满了疱疮，而且脓流不止，苍蝇横飞，臭不可闻。

一老妇人坐在地上，捶胸顿足，失声大哭，悲惨之状难于言表。银须老汉上前向老妇人探问缘由，得知那老妇人全家六口人，由于疱疮不治，已经死去四人。现在仅存的小儿子也已奄奄一息了，十分悲惨！

老汉揭开他那蓝色布包，取出一个小小的瓦钵子来，又从包袱内随便抓了一些东西放入钵内，拿起他身边那根拐杖，倒转过来用衣角揩了几下，拐杖在钵内研磨起来。随后叫那老妇人取来山涧凉水，渗入钵中，钵中之水立刻由黄变白。

而后，银须老汉口中念念有词，将钵中之水一半洒遍病人周身，一半灌入病人口中。一碗水下肚，病人开始哼声，两碗下肚，病人紧闭的双眼微微睁开了，三碗水罐完时，病人完全醒了过来，而且浑身的疼痛也感到轻了许多。

老妇人见儿子已起死回生，十分高兴。连忙转过身去，向老汉连连磕头。待她起来时，只见一朵白云从山间向西边飘去，老汉不见了，老汉的拐杖、瓦钵和布包留了下来。

老妇人拆开包袱一看，里面只有几包芝麻、花生、绿豆和茶叶。拐杖上面刻着"太白金星"四字。老妇人如梦初醒，才知道是天上的神仙下凡拯救黎民百姓来了。

之后，娘儿俩模仿着那位老神仙的做法，连续治好了不少患疤疮的乡亲。

此后，每逢盛夏来临，这一带的村民们都将芝麻、花生、绿豆、生姜和茶叶等混合后擂成浆糊状，再用山涧水或井水冲泡喝下。自此以后，这一带再也没有人长疤疮了。

第四节　茶亭礼俗

茶亭礼俗

一、茶亭概论

亭在我国建筑史上历史悠久，最早出现在东周时期的边境线上，十里一亭，是一种供士兵站岗放哨的军事设施。秦汉时期，官方又在十里长亭中间建立传递邮讯的短亭。随着时代的变迁，亭的军事和邮政功能逐渐丧失，人们仿造驿道上的长短亭在大路、小径甚至山道上，请地理先生堪舆好位置，建起各种路亭、冷亭和风雨亭，于是，亭成为行人遮风挡雨或情人亲友依依惜别之地，也成为历代文人墨客歌咏的对象，脍炙人口的咏亭诗文有北周庾（yǔ）信《哀江南赋》中的"十里五里，长亭短亭"，唐代杜牧《题齐安城楼》诗里的"不用凭栏苦回首，故乡七十五长亭"，李白《菩萨蛮》词中的"何处是归程，长亭更短亭"，宋代柳永《雨霖铃》词里的"寒蝉凄切，对长亭晚，骤雨初歇"，近代李叔同作词歌曲《送别》里的"长亭外，古道边，芳草碧连天"等。

不知从何时起，人们又在这些各种不同功能的亭的基础上，建造起既可折柳送别又可遮风挡雨，还可为行旅之人提供茶水的兼具多种功能的茶亭。虽然茶亭的起源朝代已难以考证，茶亭所蕴含的丰富文化内涵却值得深入探究。

茶亭是一种上面有顶、四周敞开的建筑物，流行于全国各地。明末造园家计成所著《园冶·亭》载："亭者，停也，所以停憩游行也。多为竹、木、石等材料建成。底平面一般有正方形、长方形、六角形、八角形、圆形和扇形等。亭顶与之对应，一般为翘檐式。常建在路旁或大道上，供行人饮茶解渴，观赏休息、谈经说道"。

历史上，我国的茶亭遍布全国各地，包括一些少数民族地区都建有茶亭，特别是在江南、华南、西南、华东地区十分普遍。

茶亭，没有考究的装修，没有精致的茶器。鸿儒白丁，身份不分贵贱；来往过客，喝茶歇脚自便。茶亭虽然在形式上只不过是个建筑简单的休憩场所，但在传统农业社会，在过往行人的日常生活和商旅行程中占有重要地位并发挥了重要作用。尤其在交通不便的山区，人们进山一趟出山一回都不容易，碰上狂风暴雨或骄阳怒雪就难上加难。那些肩挑背驮茶叶、食盐、茶油、大米、布匹的往来客商和探亲访友者，在人迹罕至的山岭上行走，如果没有歇脚和提供茶水的茶亭，其旅途艰难更难以想象。因此，兼具遮风、挡雨、纳凉、歇脚和解渴等多种功能的茶亭，无疑是许多种田农人和行旅商人的温情驿站。

二、彰显礼义的茶亭

修建茶亭都是以行善积德为宗旨，福荫子孙为目的，不存在当今所谓的追求经济效益，也不涉及朝廷政令，而是民间自发组织的独特的公益型事业，在我国持续达千百年之久。建亭经费筹措大多是殷实户倡头，由其捐献田土山林作为建亭基础，然后发起募捐。在所辖之地有钱出钱，有力出力，一鼓作气，一气呵成，形成永固，人人共赏。茶亭设施一般配有醒目的亭联，风格各异的亭檐，满亭的桌椅板凳，还有茶缸、茶碗等。此外，建亭者还要拿出一定数量的田地产收入作为亭产，或捐白银，以供沏茶者酬劳和每日茶水开销。过往行人和乡邻乡亲都可在此茶亭饮茶休闲，品茶评茶。

▶ 茶亭

这种不以经济利益为目的的善举，实则是一种大仁大爱。每座亭子的修建背后都有一个深蕴着"仁义礼孝"精神的故事。今天，我们还可以从亭联上窥探到先辈们的这种慈爱的精神与力量。

（1）九九亭。位于湖南省新化县温塘镇，某人九十九岁时捐资建亭。上有亭联：凿井饮清泉仁看康衢再唱，蟠桃欣结子幸会王母余甘。画荻成文文子文孙更迭出，醴泉益寿寿身寿世两完全。寿世济人道全慈孝，醴泉益寿渴解清凉。

（2）奉义茶亭。位于湖南省安化县小淹镇下约1.5千米的资水南岸。上有御书岩，镌"印心石屋"。此处地势显要，数里无人烟。

1937年，龚怡发遵母陈护英遗命独资所建，取名"奉义"。陈护英"秉性坚贞，夙怀慈善"，28岁丧夫，抚龚怡发为嗣。见行人过此，欲饮无茶，欲歇无荫，且常有绿林啸聚，匪迹出没，临终嘱子："暂不买田，先建茶亭。"怡发谨遵不渝，逾四载亭成，行人称便。至今亭房依旧，楹联尚存（楹联作者李敬治系民国时小淹联高校长）：

奉命岂敢忘，建小亭数椽，献予先慈偿夙愿；

义心尽所表，烹清泉几盏，聊为过客洗尘劳。

茶后行者行，莫愁劳燕分飞，放前光明路正远；

亭前过客过，若访雪鸿遗迹，印心石屋景尤佳。

（3）穿坳仑茶亭。位于湖南省桃江县松木塘与益阳杉树仑结合部的大道旁，桃江县彭子仁清捐建。

置田31.5亩*，土3亩，作为亭产。其亭宽大，可供16桌人喝茶。特别是两副亭联，颇邀时誉，后载入《中国亭联集锦》和《行业谐联大观》。

其一："生计尽关心，长途辛苦，坐片刻稍息疲劳，哪管春秋冬夏；光阴同过客，逆旅奔波，喝一杯全消渴癖，任凭南北东西"。

其二："穿破名利关头，想只因富贵身家，过此尽属康庄道；坳上清闲地位，看不上江山风月，少座都为畅快人"。

此外，全国各地众多的茶亭，还有其上的楹联，皆彰显华夏民族乐善好施的品德，以及"仁"礼天下客人的淳朴民风。今天，随着交通的便利，很多茶亭已失去了过去的功能，正如《安化县茶叶志》中"茶亭"一节所记："县内乡村，到处都有茶亭。亭内设有茶水，确定专人泡茶，提供茶碗，方便过往行人休息解渴。茶亭一般有公山（田），山上茶叶、树木或稻田归其经营。但自公路修通后，茶亭渐废。"

茶水解人渴，文明滋人心，茶亭所蕴含的文化内涵实是宝贵的精神财富。

想当初，积善者，捐资出力，修建茶亭；买山置田，供养茶亭；却免费供茶，方便行人。取之于民，用之于民，与人方便，自己方便，这是与人为善的文明之举。茶亭对联更彰显出深切的人文关怀意识，如福建省福州市南门外有一茶亭，亭前悬一联："山好好，水好好，入亭一笑无烦恼；来匆匆，去匆匆，饮茶几杯各西东"，表达了自然美景给人们带来的快乐并赞美了给匆匆行人带来方便的茶亭，同时亦传达了中国人的达观与豁朗的胸怀。谁又能说这不是一种极具中国特色的"茶礼苍生"呢？

---

* 亩为非法定计量单位，1亩 ≈ 667米^2。　——编者注

今天，研究民间茶礼茶俗，主要是要继承和发扬我国民间社会交往生活中的传统美德，并通过进一步的革新，倡导一种文明进步、礼貌待人、团结和睦的社会风气，以达到进一步美化生活、陶冶情操，促进社会主义精神文明建设的目的。

拓展阅读

民族茶俗茶礼

一、蒙古族的"咸奶茶"

中国北部的广袤草原是彪悍勇猛的蒙古族人世代居住的地方，牧民们驰骋草场，性格豪迈大气，饮茶也具强烈的民族特色，有"好马相随三年，好茶相伴一生"之说。蒙古族人自古英勇善战，曾占领欧亚大部分领土，但同样也经历了时代兴衰，然而无论世事如

何变迁，一碗热气腾腾、富含营养的蒙古族奶茶，从古至今，都是蒙古族人爱不释手的饮品。

蒙古族人常喝的茶有黑茶和奶茶。黑茶即不添加牛奶的茶，在蒙语称作"哈尔查依"；而奶茶则是蒙古族人最爱的饮品，蒙

古族熬奶茶所选用的茶叶有很多种，大多压制成砖茶，有方形和圆形，也叫紧压茶，方便长途运输和储存。用砖茶熬制出来的奶茶，与鲜奶完美地融合在一起，茶香浓郁、入口甘醇。制作奶茶的过程看似简单，实则相当讲究。在煮奶茶前，要先将锅洗净，否则茶叶就会褪色变味。也不能够在剩茶基础上再煮新茶，否则茶叶会因为重复熬煮产生苦涩味。煮茶用水也很讲究，必须是新打的水，水里不能有杂质或碱性过大，易使茶叶褪色变味；若水质较软的话，要加入少量的纯碱，如用雪水或河水煮茶，也需要加一点碱。据称，碱能增加茶的浓度，使茶味更浓厚。煮茶之前先将砖茶撬成小块，待水烧开后再投入茶叶。煮茶要掌握一定的火候，煮茶的过程不能断火，更不能用有异味的燃料，待到熬出茶色、茶香阵阵时，再将鲜奶倒入。若茶没有煮好前就加入鲜奶，

会影响茶的味道，至于鲜奶可分牛奶、羊奶、马奶和骆驼奶，以牛奶为上，羊奶次之，也有的地区用马奶和骆驼奶。鲜奶入锅后，煮沸即可饮用，否则长时间熬煮会使牛奶老化，失去鲜甜的滋味。

煮茶的过程中还可以加各种佐料。不同地区蒙人奶茶制作的方法有差异，所用佐料也就不同。一般来说，加黄油渣、稀奶油、小米、奶皮子、黄油等。最后再根据个人口味加入少许盐或糖调味。如今，人们熬制奶茶时选用的茶叶的种类更多，也更高级，例如红茶、普洱、青茶等，选择不同的茶叶，熬制出来各色风味不一，但都香滑爽口的奶茶。

在蒙古族同胞眼中，茶是"仙草灵丹"，在过去，一块砖茶甚至能换到一头羊或一头牛。一直以来，草原上都有"以茶代羊"馈赠朋友的风俗礼节。而在蒙古牧民家中做客，也有着约定俗成的礼仪规范。主客座位按男左女右排，贵客、长辈按主人的安排在主位上就座。入座后，主人斟上醇和的奶茶，放些许炒米，用双手恭敬地捧起，从贵客长辈开始，各敬每人一碗奶茶，客人需用右手接碗。如果想少要茶或不想喝茶，那么可以用碗边轻轻地碰一下勺子或壶嘴，主人就会明白。

喝茶礼先行，无论在什么地方，礼仪的文化总是与茶相伴而生。虽然蒙古族的饮茶礼仪并不复杂，但是却具有特色鲜明的文化内涵。茶之味，或浓，或淡，但都蕴含着"客来敬茶"这一简单的道理，其背后，则是千百年浸润中华民族灵魂的礼文化。

二、苗族的"油茶"

聚居于云南、贵州、湖南、广西等地的苗族，有着悠久的种茶、饮茶历史，饮茶成俗，茶作为寄托或表达思想感情甚至哲理观念的载体世代相袭。苗族茶俗既是苗族同胞的一种生活方式，也是生活理念的体现。在苗族人日常的衣食住行、婚丧嫁娶、生老病死、节庆娱乐等社会交往中，处处离不开茶。

孩子出生时左邻右舍用带有露水的茶芽梢作贺礼。如果生的是男孩，就送一芽一叶的芽梢；如果生的是女孩，则送一芽二叶的芽梢，寓意"一家有女百家求"。

苗族同胞的饮茶方式很多，但最使人称奇的是饮"虫茶"和吃"八宝油茶汤"。在湖南省西南部的城步苗族自治县是苗族聚居的大山区，这里苗族人民几乎是天天喝"油茶"，"油茶"又称"油茶汤"。这种"油茶"兼具咸、苦、辛、甘、香5种味道，所以又称"五味油茶"。由于在制作过程有一段"打"的程序，所以又

▶ 八宝油茶

称"打油茶"。"五味油茶"油而不腻，不仅可以解渴充饥，而且还能驱瘴除疠。苗族人对油茶汤情有独钟，有"一日不喝油茶汤，满桌酒菜都不香"的说法。制作"油茶"需选黄豆、玉米、板栗、核桃、蕨巴团、花生米和蒸熟晒干的糯米，分别倒入锅中，用茶油炒熟后盛在碗里。另把茶油倒入加热的锅中，待油熟后，加进一瓢水，再将捣碎的茶叶、姜末、盐等投入。再用木勺在湿透的茶叶上不停地拍打，渐渐地那鲜美的褐色茶汁便被"打"出来了。

招待客人时，在茶碗中放上事先油炸好的米花、花生米等，再冲进滚滚的茶汁。苗族人民相当好客，客人进门，先要以"八宝油茶汤"款持，"打油茶"不仅味美茶香，还有"一碗盗、二碗贼、三碗四碗才是客"的说法，所以客人要连喝4碗，以表示对主人"四时如意"和"四季平安"的美好祝愿。喝茶时热情好客的主人会给每人一支筷子，如果喝过4碗后不想再喝了，就把筷子架在碗上，否则主人会不断地向你的碗上添加油茶，一直陪你喝下去。如果客人也是苗族同胞，能歌善舞的他们会在适当的时候唱起感谢的茶歌，美妙动听，气氛非常融洽。茶，传递的是待客的热情、诚挚的祝福以及虔诚的心愿，将人们的情感紧紧地联系在了一起。

第七章　茶礼仪走向世界

茶是中国给予世界最好的礼物！

　　众所周知，源于中国的茶，从公元5世纪开始，通过陆上和海上丝绸之路、茶马古道传向世界160多个国家和地区，惠泽全球20多亿人。历经一千多年的传播，中国茶从独有、独享，成为世界共享的饮品，茶穿越历史，跨越国界，深受世界各国人民喜爱。这不仅是因为茶天然自成，绿色保健，还因其承载的"茶利礼仁""和而不同""道法自然"的东方智慧和文明受到普遍认同，并影响世界。

　　本章将阐述特色鲜明的日本茶道、韩国茶礼、英国下午茶，意在让学习者了解中国茶在向世界各民族与地域传播的过程中，顺应各民族传统、地域民情和生活方式的差异而入乡随俗，从而衍生出多姿多态的饮茶风俗。茶的饮用或清饮或调饮，茶礼的表达或热情或庄重，但"客来敬茶"却是古今中外的共同礼俗，一杯茶都是"礼"的表达、"和"的诠释。

　　当代社会，中国茶，代表了健康；中国茶，代表了中国文化；中国茶，代表了追求世界大同的一种和平精神。在国际交往的舞台上，茶是"和平"的使者，"礼仪"的象征，"文明"的化身，是沟通世界、构建和

谐的极具亲和力的媒介。从某种意义上说，茶已经从单一的饮品，升华成一种影响西方社会的东方文化，一种中华文明的输出载体。作为华夏子民，理当齐心协力向世界弘扬中国茶文化，推广茶礼仪，彰显中华民族"礼仪之邦"的文明风范，谱写中华茶礼仪文化的新篇章。

第一节　日本茶道

在中国茶及茶文化向世界各地辐射传播的过程中，一衣带水的邻国日本将之吸收后，在发展过程中进行精炼、深化，形成了具有鲜明特色的日本茶道。日本茶道最终成为日本传统文化的代表，成为向世界展示日本美学、礼法、建筑、烹饪等文化的重要载体。

什么是日本的茶道呢？查尔斯·E·亚特伍德（Charles E. Atwood）认为，日本茶道是一种以茶叶完成的礼仪，它在日本拥有着最高的严肃性与敬畏之心，达到了优雅的最高境界。简而言之，与中国以"品茶"为中心、追求"和乐"为目的茶事活动的最大区别是：日本茶道的最大特色是带有禅宗意味的仪式感，其意不在"茶"，而是在严苛的仪式中获得心灵的安顿，追求"禅"的意境。

本节简要讲述日本茶道形成的历史、茶道建筑与茶事活动以及茶道思想与礼法，重点了解日本茶道的特点。

一、日本茶道简史

日本茶道的形成过程大体可以分为萌芽、形成、成熟三个时期。

日本茶道简史

1. 萌芽时期　即引进中国唐代饼茶煮饮法的日本奈良、平安时代

805年，日本高僧最澄从大唐将茶种带入日本，种在了日吉神社的旁边，形成了日本最古老的茶园。当时的嵯峨天皇对茶赞赏有加，于是下令在畿内、近江、丹波、播磨各国种植茶树，每年都要上贡茶叶。这一时期的茶文化传播，是以嵯峨天皇、高僧永忠、最澄、空海等人为主体，以弘仁年间(810—824年)为中心而展开的，学术界称之为"弘仁茶风"。

2. 形成时期　受中国宋代末茶冲饮法影响的日本镰仓、室町、安土、桃山时代

镰仓时代初期，处于历史转折点的划时代人物荣西禅师（1141—1215年）撰写了日本第一部茶书——《吃茶养生记》。此书的问世，普及扩大了日本的饮茶文化。1235年，日本僧人圆尔辨圆(谥号"圣一国师")到浙江余杭径山寺苦修佛学和种茶、制茶技术，回国后在静冈县种茶并传播径山寺的抹茶法及茶宴仪式，根据《禅院清规》将茶礼列为禅僧日常生活中必须遵守的行仪作法，为日本茶道的形成奠定了基础。

1489年，室町幕府第八代征夷大将军足利义政设计了全室四张半榻榻米的"书院式"建筑，对日本茶道的茶礼形成起到了关键作用，而师从

一休禅师的村田珠光(1422—1502年)制定了第一部品茶法，使品茶变成茶道，他将禅宗思想"侘(chà)（わび）"（日语音为"wabi"，意为简陋，在禅宗中安于简陋被认为是一种美德）注入了茶道之中，形成了朴素淡雅的草庵茶风。室町末期，千利休(1522—1592年)集大成创立了以"和敬清寂"为四规的"利休流草庵风"茶法，草庵茶的第一要事为：以佛法修行得道，它随后风靡日本，将茶道推向顶峰，千利休被尊为日本的"茶圣"。

3. 成熟时期　受中国明代叶茶泡饮法影响的日本江户时代

江户时期是日本茶道的灿烂辉煌时期。千利休去世之后，他的后代和弟子们分别继承了他的茶道，形成了许多流派，这时的日本茶道界可谓百花齐放、百家争鸣。其中以迄今为止仍是日本最庞大的三大千家流派——"表千家、里千家、武者小路千家"最为兴盛。虽然他们各自的茶道风格有所不同，表现在动作、建筑、色彩、摆设等的差异上，但他们都以"和、敬、清、寂"为指导思想，并以"家元制度"传承。从千利休创立日本茶道至今已近500年，但日本茶道依然有着强大的生命力。

二、日本茶道建筑与茶事活动

1. 茶道建筑——"露地"　日本茶道的建筑是指专用于举行茶事活动的地方，分为茶室和茶庭。茶室面积一般以四张半榻榻米为度，9～10米^2。茶室内部由点茶席、客席、地炉、

日本茶道建筑与茶事活动

壁龛、小出入口、茶道口、窗、天棚、水屋等组成。茶庭是日本用于茶道特有的园林建筑类型，一般分为"外露地"和"内露地"两部分，以"中门"隔开。

"露地"一词出自佛经，

▶ 露地

▶ 茶亭

指的是修行的菩萨冲过"三界火宅"后所到的地方。茶室外的庭院为露地，意义不言而喻，指的就是参与茶会的人来了露地，要放下红尘中的贪嗔痴等妄念，才有机会从三界火宅跳出。"露地"中准备的石质水钵是给客人用来洗手的，其意也很明了，就是去除世俗的尘垢，只有这样，才可能趋近佛法。

2. 茶事活动——茶会 日本茶道的建筑、道具、礼法、思想、美学诸要素均是通过茶会来实现的。茶会有淡茶会、正式茶会两种。这里对正式茶会略做介绍。正式茶会分"初座"和"后座"两部分。客人到后，先在茶庭上观赏主人精心布置的茶庭，然后入茶室就座，称"初座"。然后主人开始表演添炭技法，这是"初炭"（整个茶会中要添炭三次）。之后主人送上茶食（日语是"怀石料理"。"怀石"一词同样来源于佛教，最初之意是指为了在长久坐禅中抵制饥饿，肚子抱石一块）用完茶食后，客人到茶庭上休息，然后再入茶室，这是 "后座"。在严肃的气氛中，主人为客人点浓茶。点完浓茶后，炭火已微弱，这时添炭，称"后炭"。然后主人再点薄茶。稍后，主人与客人相互告别，整个茶会到此结束。

▶ 茶食

3. 茶会中的"茶道具" 由于日本茶道所展示的不仅仅限于烹茶、饮茶的过程，而是包括迎客、待客、送客的整个过程，其所用道具的种类很多。故此，日本茶道中所用的茶具特称为"茶道具"，它与一般意义上的茶具有所不同。当今在日本，人们仍对茶道具持有特别珍重的态度。比如，许多家庭的传家宝都是一件茶道具，大部分博物馆和美术馆都收藏有茶道具并不时地举办有关茶道具的展览。

日本茶道具的原型来自中国唐代的风雅之物，如挂轴、花瓶、香炉、茶碗等，而在日本茶道规范化的过程中，这些物件相应地被精选、改造，最后形成了当今的日本茶道具群。因此，珍重外来文化、尊重中国文化的观念自古至今一直影响着日本人对于茶道具的认识，以至于在评价一个漆艺术家、陶艺术家、瓷艺术家或金属艺术家时，要看他的作品是否被用于茶道，或是否被有名的茶人选用，因为他们认为，只有精通茶道的人才能制作出符合茶道理念的独特作品。

日本茶道具很好地吸收和继承了中国唐宋茶道的遗风，如金质、银质、铁质茶壶等，且在此基础上又不断创新，设计出各式各样的茶道具，常用的有：釜、炉、水指、建水、盖置、茶壶、罐、茶托、茶入、茶碗、

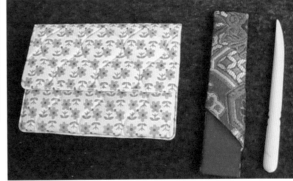

▶ 茶道具

茶刀、茶则、香炉、花插等，它们都源于"禅"的朴素之风，不求华丽的外表，但讲究精湛低调的细心工艺。

在茶会中，茶人进入茶室，等待主人点茶时，首先要到壁龛前行礼，欣赏所挂字画及茶花、花瓶、珍贵茶碗等，因为鉴赏精美的茶具也是茶会

的重要内容。在喝茶时，要一手托住茶碗一手侧握，顺时针转至茶碗的正面朝外后才能饮用，以避免自己的嘴唇与茶碗的正面接触，意在表示对茶碗的尊敬，极富宗教的仪式感。

▶ 喝茶礼仪

三、日本茶道思想与礼法

1. 日本茶道的"四规七则"　熟悉日本茶道的人，也许早就听说过——"和、敬、清、寂"是日本茶道的"心"，即日本茶道的核心精神，它最初是日本茶道的"开山之祖"村田珠光提出的"谨、敬、清、寂"的茶道精神，而后由日本"茶圣"千利休进一步综合宗教、哲学、伦理与美学思想发展而成，从此，"和、敬、清、寂"被称为日本茶道的"四谛"或"四规"。

日本茶道
思想与礼法

"和"，代表和谐的状态，注重的是主体与客体之间的沟通与默契。茶事活动中，茶室里的每个人都要恰如其分地做好自己的角色，并以彼此共同怀有的和谐、共鸣的精神来一起完成茶事，包括所有茶室里发生的举止、程序、布置等，为此，替他人着想的"体贴"是必不可少的。

"敬"，传统中是指对"禅宗"的敬畏，现在主要表现在对人、对物的尊敬。

"清"，指人与物的洁净，尤其是无杂念的清净之心，也是以茶修禅的重要方式。茶道中，通过有形的动作与无形的气氛，引导人心在当下清静下来。

"寂"注重的是一尘不染的心境，如同处于不受外界干扰的寂静空间里。"寂"是日本茶道中"美"的最高理念——几近于禅的境界。

在体悟茶道的过程中，除了"四谛"外，千利休还教育弟子们必须恪守若干规则，即以下所谓的日本茶道的"七则"：

(1) 茶要泡得合宜入口（引申为"过程服从于目的"）。

(2) 为随时可用沸水而备好炭（引申为"要善于发现事物之间存在的某种因果关系"）。

(3) 插花犹如长在野外（引申为"师法自然才能接近自然"）。

(4) 茶室要冬暖夏凉（引申为"适度的总是最好的"）。

(5) 计划时限应适度提前（引申为"凡事都要设定一个时间上的提前量"）。

(6) 即使不是雨天也要准备好雨伞（引申为"未雨绸缪是取得成功的首要原则"）。

(7) 要把客人放在心上，引申为"一期一会，世当珍惜"。"一期一会"就是要"把每一次的相会当作一生中仅有的一次机会，并视作不可思议的缘分"。"一期一会"充分体现了佛教中的"无常"思想，认为人生及其每个瞬间都不能重复，这也使茶会中每个程式都充满禅意。

2. 茶道礼法 日本茶道礼法之礼仪和规则的制定正是以有着浓厚宗教思想烙印的"四规七则"为指导，因此，日本茶道非常重视程式，讲究规范，并在庄严的气氛中得以践行。日本茶道礼仪具体包括：主与客之间的礼仪，客与客之间的礼仪，人与器物之间的礼仪。总之，日本茶道的目的不在"品茶"，而是通过烦琐细致的动作、规范的程式来达到陶冶情操，净化心灵的效果，甚至是达到"寂"的禅境。

在日本茶道中，对人，相互尊敬并体贴，关系融洽；对物，赋予其生命力；在位置、顺序、动作上遵循有序、有节、有礼的原则，有着一整套细致入微的礼法模式。

例如：

（1）推门分三步，根据茶室拉门的位置不同决定先用左手还是右手，完成此动作一般要左右手交替进行，且所触位置也有严格规定。

▶ 真礼

（2）在榻榻米上行走，姿态挺直自然，步伐的大小，基本观念为一帖榻榻米，纵向榻榻米走四步，而横向榻榻米走两步。此外，出于"尊敬"的原因以及为防止边线松脱，还应避免踩到边线，而要走在每块榻榻米的中间。

▶ 行礼

（3）茶道以礼开始，以礼为终，行礼的方式根据鞠躬的弯腰程度可分为真礼、行礼、草礼三种。茶会中，要根据不同的需要来运用。

"真礼"是用于主客之间最正式的礼节，弯腰程度

▶ 草礼

最大；行"真礼"时背部和颈部基本保持平直，上身向前倾斜，同时双手
手掌着地，指尖斜相对呈内八字，待身体倾至45°时稍做停顿，再慢慢直
起上身。行礼时动作要与呼吸相配，弯腰时吐气，直身时吸气，速度与气
息均匀。主人要不断询问客人自己点的茶、做的茶点有没有不合口味。主
客之间要互相理解、互相关心、互相配合，形成一个整体，使"和敬"的
茶道精神很好地融入其中。

"行礼"用于客人之间或人与物之间，弯腰程度居中；方法与"真礼"
相似，但两手仅前半掌着地。茶会中的客人有主客、次客之分，按照座席
位置有首席客人、次席客人、末席客人之分。首席客人一般坐在"壁龛"
正前，离主人最近，代表其他客人与主人交流。客人与客人之间，行"行礼"。

"草礼"用于说话前后寒暄礼节，弯腰程度较轻。

3. 日本茶道与"禅" 由上可知，日本茶道的发源是和宗教紧密相关
的，甚至可以说日本茶道这一文化体系，本身就是从佛教这一宗教体系中
脱胎而来。正因为如此，它必然带有浓厚的宗教仪式感。与重茶、重艺的
中国茶道相比，日本茶道重礼、重禅。

其一，在历史的不同阶段，对日本茶道的形成先后起了重要作用的诸
如空海、最澄、永忠、荣西、圆尔辨圆、村田珠光以及日本茶道之"集大
成者"千利休均属僧侣或寺院中人。

其二，日本茶道最初的起源——"径山茶宴"，即是径山寺僧人修行生
活中的重要事项。之后，村田珠光提出"佛法存于茶汤"的观念，并将禅
宗精神作为灵魂注入茶事活动中，继后由千利休将茶道进一步深化成为一
种修行的方式，日本茶道经典之作《南方录》开篇即阐述了千利休所追求
的茶道理想形式："小草庵的茶之汤，首先要依佛法修行得道为根本。追求
豪华房宅、美味食品，乃俗世之举。屋，能遮雨；食，能解饥，足矣。此
乃佛之教诲，茶之汤之本意也。汲水、取柴、烧水、点茶，供佛，施人，

亦自饮；立花，焚香，此等行为皆为践行佛祖之举止也"，其实质仍是对禅宗精神的追求，而正是因为有了"禅"这一灵魂，日本茶道才逐步脱离中国茶道的影响，成为一种独特的文化体系。

日本江户初期的高僧泽庵宗彭"茶意即禅意，舍禅意即无茶意。不知禅味，亦即不知茶味"的高论更是直截了当而切中肯綮地点明了日本茶道与"禅"的难解难分。

一次茶会，相当于一次修行，参加者通过一种程序固定且严谨的仪式向人们讲述禅的思想，通过烦琐的规则来磨炼人心，当这些规定不再令饮茶者厌烦，当饮茶人信手而为就符合茶道礼法时，才算领会了茶的真谛。正如参禅需要顿悟一样，其中蕴涵的那些人生的哲理，需要饮茶者用生命的一段时光来领悟。

被吸收、消化后的中国茶文化最终发展成了截然不同的日本茶道，而源于中国的日本茶道最终又扩大、深化了中国茶道的内涵，修炼成为独具日本特色的民族文化载体。

第二节　韩国茶礼

中韩两国唇齿相依，中国的茶在向外传播的过程中较早地进入了朝鲜半岛，这里的人们在学习中国礼仪文化的过程中，把饮茶的艺术有机地结合到宫廷、寺院以及日常礼仪活动之中，形成了一套具有韩国民族特色的韩国茶礼。韩国茶礼堪称典雅的礼仪之花，对韩国传统文化以及现代社会的发展都产生了重大而深远的影响。

与"舍禅意即无茶意"的日本茶道相比，韩国茶礼的特点是：更多地继承了中国的传统文化，尤其深受儒家礼学思想的影响，饮茶时不像日本茶道那样庄严肃穆，但重视礼节，注重通过礼仪来教化民众。

▶ 韩国茶礼

一、韩国茶礼简史

韩国茶礼简史

韩国的饮茶历史悠久，最初饮用的茶叶是三国末期（公元7世纪中期）由中国唐代传入的。新罗时期（668—917年），又从大唐引入了茶种，植于智异山。在这一时期，茶属于珍贵高价之物，故饮茶主要在贵族、僧侣和上层社会中传播并流行，饮茶法主要仿效唐代的煎茶法，且主要用于宗庙祭礼和佛教茶礼。

高丽时期（918—1392年）是全面学习中国茶文化的时期。如前所述，此时的中国，皇帝赐茶，大臣分茶，文人咏茶、百姓喝茶的习惯遍行大江南北，社会各阶层皆有茶礼仪。与中国交往日益频繁并深受其茶风影响的高丽王朝茶事鼎盛，茶礼伴随着饮茶活动广泛传播于朝廷、官府、僧俗、民间等各个不同阶层。

韩国古代礼制仿效中国，宫中除军礼外，其他吉、嘉、宾、凶等礼中皆有茶礼。据《高丽史》记载，高丽宫廷茶礼有以下九种：燃灯会、八关会、重刑奏对仪、迎北朝诏使仪、贺元子诞生仪、为太子分封仪、为王子王姬分封仪、公主出嫁仪和为群臣设宴仪。

在佛教界，唐代的《百丈清规》、宋代的《禅苑清规》、元代的《敕修百丈清规》和《禅林备用清规》等传到高丽寺院后，僧人们仿效中国禅门清规中的茶礼而建立起自己的佛教茶礼，而儒家茶礼以朱子（朱熹）的"家礼"为依据，在成年（冠礼）、成亲（婚礼）、丧事（丧礼）、祭祀（祭礼）等人生四大礼仪中使用，还有道教茶礼，是以白瓷的茶盅（茶碗，上有绿色的"茶"字）为主要道具，用饼、茶汤、酒作为祭品来祭祀诸路神仙，还要以冠笏（hù 古代大臣上朝拿着的手板，用玉、象牙或竹片制成，上面可以记事）礼服行祭，并焚香百拜。

在民间，百姓们在冠礼、婚丧、祭祖、祭神、敬佛、祈雨等典礼中均用茶，亦行茶礼。其烹饮方式，随着中国流行的饮茶法的变化而变化，最初盛行点茶法，到高丽末期，开始兴起泡茶法。

进入朝鲜时代，因崇儒抑佛，强调伦理儒学，提倡朱子之学，视茶为玩物丧志之物，茶事一度衰落。至朝鲜末期，经过重农学派的著名学者丁若镛及其弟子草衣禅师，还有与草衣禅师同年的金石学家金正喜等人的大力提倡，濒临废绝的茶礼，尤其是"儒家茶礼"再度兴盛起来。

▶ 婚礼

▶ 泡茶

20世纪初，韩国处于动荡不安的战争年代，本土茶文化再次受到挫折。战后，韩国茶文化逐步恢复，特别是20世纪80年代以来，"复兴茶文化"运动在韩国积极开展，出现了众多的茶文化组织和茶礼流派。弘扬传统文化与茶礼所倡导的团结、和谐的精神，正逐渐成为现代韩国茶人的生活准则，他们积极开展国际性的茶事活动，与中国、日本及东南亚各国的茶文化界交流密切，互通有无。

二、韩国茶礼精神与仪式

1. **茶礼精神** 韩国的茶礼精神是以新罗时期的高僧元晓大师的"和静"思想为源头，中经高丽时期的文人郑梦周等人的发展，至高丽时期的文学家、哲学家李奎报集大成，最后在朝鲜时期的高僧西山大师、草衣禅师那里形成完整的体系。总的来说，和日本茶道类似，韩国茶礼源于中国，融合了禅宗文化、儒家思想、道家伦理以及韩国传统文化精神，其中最突出的是对儒家思想的吸收，最终形成了以"和、敬、俭、真"为宗旨，倡导"中正"的思想理念。"和"，是要求人们心地善良，和平共处，互相尊敬，帮助别人；"敬"，即彼此间相互敬重，是要有正确的礼仪，以礼待人；"俭"，是俭朴廉正，提倡朴素的生活；"真"，是要有真诚的心意，为人正派，人与人之间以诚相待。

▶ 中韩茶文化交流

"中正"思想的确立是草衣禅师毕生修行的成果，他所创作的被誉为"韩国茶经"的《东茶颂》一书集中反映了以"中正"为核心的茶道思想，十分明确地指出了茶的水体与神气，唯有"中正不过"才能有"健灵并"的功效，既是要求茶人在茶事上不可过度也不可不及，更是劝人培养"中正"精神，形成良好的人格，与自然、社会、他人建立起和谐的关系。虽然我国明代茶学家张源所著《茶录》是这种"中正"思想的直接理论

▶ 草衣禅师雕像

和实践指导，但归根结底，韩国茶礼的"中正"精神脱胎于中国儒家的"中庸"思想。

2. 茶礼仪式　茶礼仪式是指茶事活动中的礼仪、法则。韩国的茶礼仪式是高度发展的，种类繁多、各具特色。根据运用的场所，大体可以分为仪式茶礼与生活茶礼。

（1）仪式茶礼。就是在各种礼仪、仪式中举行的茶礼。在韩国的各种仪式中，茶都是不可或缺之物。自新罗、高丽至朝鲜时期，无论王室、僧侣、百姓，在其奉行的各种礼制中，行茶之仪都是表达敬意的最普遍形式。

高丽的五行茶礼以其规模宏大、人数众多、内涵丰富，成为韩国最高层次的茶礼，也是国家级的进茶仪式，其核心是祭扫韩国崇敬的中国"茶圣"炎帝神农氏，茶礼中渗透的是东方哲学。

1981年，韩国茶人联合会把每年5月25日定为"韩国茶日"，年年举行茶文化祝祭，其主要内容有韩国茶道协会的传统茶礼表演、韩国茶人联合会的成人茶礼、高丽五行茶礼以及陆羽品茶汤法等。

（2）日常生活中的茶礼。韩国在饮茶方法上与中国基本相同，以泡茶

▶ 韩国茶礼表演

法为主，煎茶、点茶法为次。韩国日常茶礼按名茶产品类型大体分为末茶法、饼茶法、钱茶法、叶茶法四种。下面简单介绍叶茶法。

备具：烧水壶、茶壶、品茗杯、茶叶罐、茶匙、晾汤碗、茶巾、茶盘、残水器（水盂）、盖布等。

迎宾：宾客光临，主人要到大门口恭迎，并以"欢迎光临"等语句迎宾引路，多位宾客则按年龄高低顺序随行。进茶室后，主人要立于东南向，向来宾再次表示欢迎后，坐东面西，而客人则坐西面东。

温茶具：沏茶前，先收拾、折叠茶巾，将茶巾置茶具左边，然后将烧水壶中的开水倒入茶壶，温壶预热，再将茶壶中的水分别平均注入茶杯，温杯后弃之于残水器中。

沏茶：主人打开壶盖，用茶匙取出茶叶置于壶中。投茶法因季节而异，一般春、秋季用中投法，夏季用上投法，冬季则用下投法。投茶量为一杯茶投一匙茶叶。将茶壶中冲泡好的茶汤，按自右至左的顺序，分三次缓缓注入品茗杯中，茶汤量以斟至杯中的六、七分满为宜。

品茗：茶沏好后，主人以右手举杯托，左手把住手袖，恭敬地将茶

捧至来宾面前的茶桌上，再回到自己的茶桌前捧起自己的茶杯，对宾客行
"注目礼"，口中说"请喝茶"，而来宾答"谢谢"后，宾主即可一起举杯品
饮。通常在品茗的同时，还备有各式糕饼、水果等清淡的茶食用以佐茶。

　　韩国茶礼的整个过程，从迎客、环境、茶室陈设、书画、茶具造型与
排列，到投茶、注茶、茶点、吃茶等，均有严格的规范与程序，力求给人
以清静、悠闲、高雅、文明之感。

　　韩国人对汉文化儒学十分推崇，自古流行茶礼教育。至今，从幼儿园
到大学仍遵循这种以汉文化为基础的
茶礼教育。在大、中、小学校中，茶
文化是法定的教学课程。孩子们从小
修习茶礼感受传统文化，20岁时所行
的"成人茶礼"，亦是一种传统文化
和礼仪的教育方式。

▶ 韩国茶礼

3. 常用茶器

　　（1）茶壶。用于泡茶的容器。

　　（2）茶盅（茶杯）。喝茶时盛
茶的容器，可以叫茶杯，也可以叫
茶盅。

　　（3）熟盂。泡绿茶时盛装开水，
使其冷却到70℃左右必需的容器。

　　（4）茶杯托。用来放茶盅（茶杯）
的容器。比起陶瓷的，木质的茶杯托
更为方便。

　　（5）茶则。将茶从茶壶（茶筒）
中取出来的工具，多为木质。

▶ 常用茶器

（6）茶罐（茶筒、茶坛）。装茶叶的容器，每次泡茶时从中取出需要的茶叶量使用。

（7）茶巾。用来拭去茶具上的水痕，由白布制成。

（8）茶桌。泡茶时放茶具的桌子，一般高度较低，以正方形的用起来最方便。

（9）汤罐。用来煮茶水的容器，按材质分为陶瓷器、铁器或铜器等，市场上流通的多为陶瓷器。

（10）茶火炉。用来煮沸汤罐中的水的工具。

（11）残水器（水盂）。用来盛放预温茶盅的残水的容器，还可用于盛装倒掉的茶渣。

（12）盖布。一般为红色。

中、日、韩的饮茶礼法显然同出一源，那就是陆羽的《茶经》。如前所述，《茶经》首次系统为饮茶之事规范礼制，各国饮茶之礼皆是在《茶经》的基础上不断发展形成的，日本、韩国的茶种及烹茶的技术亦源于中国。

中国、韩国、日本在茶文化交流的过程中丰富了茶礼仪的表现形式，在饮茶中皆融入了儒、释、道思想，都有一整套成系列的饮茶程序，都讲究环境的协调，器具的配套；饮茶过程中都重视艺术的享受和精神的升华。只是由于根植于不同的文化背景，所以同中有异，各有偏爱。

中国人将饮茶当成是"一种快乐的生活方式"，崇尚自然，不过分拘泥于礼敬表达的形式与规范。

日本茶道则以"茶禅一味"为核心，尚"侘寂"，带有浓厚的宗教色彩，其程式固定烦琐且严谨，充满严肃性与敬畏之心。

韩国受儒家思想影响最大，最重视礼仪，尚"中正"，把茶礼贯彻于各阶层之中，强调茶的亲和、礼敬、欢快、重视茶礼教育，以茶作为团结全民族的纽带。

第三节　英国下午茶

英国民众酷爱饮茶，据2014年Roberto A. Ferdman报道，英国人均年消费茶叶量已超过了2千克。更有甚者，2010年英国政府曾经发起一项关于"英国偶像"的调查，结果大多数英国人选择了"一杯茶"。这是因为，

▶ 《下午五点的茶会》

在英国人心中"世上没有什么难题是一杯热腾腾的茶所不能解决的。"（英国谚语）由此可见，"茶"对英国人的影响是多么深刻！

英国的茶叶最初来源于中国，随着英国人饮茶嗜好的不断升级，"下午茶"文化逐渐形成并得到广泛传播。最终，"英国下午茶"作为英国人典雅生活的象征享誉天下。

一、英国下午茶简史

17世纪中叶，葡萄牙的凯瑟琳公主嫁给了英国国王查尔斯二世，凯瑟琳公主的嫁妆中有一箱她非常喜欢的中国茶叶。因为凯瑟琳视茶为健美饮料，嗜茶、崇茶，所以被人们称为"饮茶皇后"。在凯瑟琳25岁生日之时，英国诗人和政治家埃

英国下午茶
简史

德蒙·沃勒为她献上了一首祝寿诗《论茶》（又称为《饮茶皇后之歌》），首联"花神宠秋色，嫦娥矜月桂；月桂与秋色，难与茶比美"即抒发了自己对茶叶的喜爱之情，全诗借赞美茶表达了对爱茶的皇后的歌颂与祝福。在凯瑟琳公主的倡导与推动下，饮茶之风开始在英国王室中流传开来，继而

扩展到王公贵族世家，茶饮逐渐取代了酒精饮料。到了18世纪，饮茶已普及到英国民间。

茶风的兴盛推动着英国饮茶文化的日渐成熟，到了维多利亚女王时代，"英国下午茶"文化诞生于世并迅速得到传播，一个名为安娜·玛利亚(Anna Maria)的贝德福(Bedford)七世女公爵常被人认为是英国传统下午茶的发明者。传说在1840年前后，英国人的传统晚餐要在晚上8点左右才正式开始，特别是白昼很长的夏天，吃晚餐的时间就更晚了。为了解除午餐后到晚餐

▶ 凯瑟琳画像

前之间的饥饿，安娜女士常常让仆人在下午五点钟左右为她泡一壶茶，备些点心送到她房间，渐渐形成习惯，并开始邀请好友共享。为了款待客人，她特别吩咐仆人准备精致的面包、松饼，作为饮用上好红茶时的点心（当时红茶在英国是贵族才能享用的）。与此同时，她融合当时英国上流社会的餐饮文化，在茶会中加入了复杂的礼仪，最终形成了"高贵而实用"的英式下午茶。在坚信"万物平等"的英国社会，体现英国贵族生活的英式下午茶自然很快地由上层阶级传向了全民。在"下午茶"文化发展普及的过程中，英国女王维多利亚起了很大作用，她认为："下午茶是一种极好的消遣与放松的方式，卸除压力，放松身心，体味生活的乐趣，探寻人生的价值。"因此，她积极倡导英国人民享用下午茶。

较贵族而言，工人阶级和贫民喝茶最初是对贵族生活的模仿，而最终饮茶习惯的养成是由于茶汤具有温暖身体和与咖啡类似的改变神经系统的功能。尤其是在英国工业革命过程中，开水泡的茶饮可以抵抗一些细菌引起的疾病，在搭配干面包时也保护了工人的健康，所以喝"下午茶"的习

惯就越来越广泛地传播开来，并得以不断传承。到18世纪末19世纪初，饮茶已经是一种全民行为，茶叶成了英国的国民饮料。

今天，内涵丰硕、形式优雅的"英国下午茶"已成为英国文化的象征之一。诚如余秋雨先生《西方茶语》中所说："英国从中国引进茶叶才三百多年，却构成了一种最普及的生活方式。"

这不得不让人感慨：历史上从未种过一片茶叶的英国人，却用来自中国的舶来品创造了自己独特华美的品饮方式以及饮茶礼仪，使得茶这片神奇的东方树叶在西方的世界里落地生根，如今已然枝繁叶茂。

小贴士

英国人每天的"Teatime"之多，使外来者感觉英国人的人生都消耗在饮茶之中了。清早刚一睁眼，即在床头享受一杯"床前茶"；早餐时再来一杯"早餐茶"；上午公务再繁忙，也得停顿20分钟啜口"工休茶"；下午放工前又到了喝茶吃甜点的法定时刻；回家后晚餐前再来一次"High Tea"（下午五、六点之间的有肉食、冷盘的正式茶点）；就寝前还少不了"离别茶"。

此外，英国人还经常举办各种茶宴(Tea-Party)、花园茶会(Tea in garden)以及周末远足的野餐茶会(Picnic-Tea)，真是花样百出。

当然，其中最具特色和影响力的要数下午四点举行的"下午茶"，有英国民谣为证："当时钟敲响四下时，世上的一切瞬间为茶而停止"。

以茶开始每一天，以茶结束每一天，英国人天天一丝不苟地重复着茶来茶去的作息规律并乐此不疲。在英国还有这样的流行语："What would the world do without tea?"（如果没有茶，世界将怎么办？）英国人嗜茶之深可见一斑。

二、英国下午茶茶会程式与礼仪

传统的"下午茶"是作为一种重要的社交活动而进行的，因此讲究相应的礼仪规则。在下午茶茶会中，从饮茶的器具、茶桌的摆设、主客的着装到点心的食用等方面，都必须严格遵守相关规定，否则将被视为无礼，有失体面。

英国下午茶茶
会程式与礼仪

1. 时间 喝下午茶的最正统时间是下午四点钟，这个时刻喝的茶一般俗称"Low Tea"。

2. 准备 主人选择优雅舒适的环境如家中的客厅或花园招待客人，并提前准备好丰盛的冷热点心(要由女主人亲手调制)和高档的茶具——细瓷杯碟或银质茶具、瓷器茶壶(两人壶、四人壶或六人壶，视招待客人的数量而定)、过滤网、茶

▶ 英式茶具

盘、茶匙(茶匙正确的摆法是与杯子成45°角)、茶刀(涂奶油及果酱用)、三层点心架、饼干夹、叉子、糖罐、奶盅瓶、水果盘、切柠檬器，全都银光闪闪，晶莹剔透。将点心和器具摆在圆桌上，桌巾以手工刺绣或蕾丝花边为最佳，因为这是象征着维多利亚时代贵族生活的重要家饰物，还可摆设花、漏斗、蜡烛、照片或在餐巾纸上绑上缎花等，再放首优美的音乐，以营造出"高贵优雅"的气氛。

当代，下午茶用具已经简化不少，很多烦冗的细节也已经弱化。

3. 着装（仪表） 在维多利亚时代，参加"下午茶"聚会男士要着燕尾服，女士则必须穿缀了花边的蕾丝裙，要将腰束紧。聚会过程中，茶要

轻啜慢饮，点心要细细品尝，交谈要低声絮语，举止要仪态万方。尤其是每年在白金汉宫举办的正式下午茶会，对宾客的仪容仪表要求更为严格，如男性来宾必须穿燕尾服，同时戴高帽及手持雨伞；女性则必须穿洋装，且一定要戴帽子。就是在当代，去酒店喝下午茶时，也还要注意着装礼仪，尤其是高级餐厅，要求着正装或比较正式的休闲装，穿运动鞋、人字拖、运动装是不允许进入酒店享用下午茶的。

4. 取茶　当宾客围坐于大圆桌前，主人就会吩咐侍女捧来放有茶叶的宝箱，在众人面前开启，以示茶叶之矜贵。在维多利亚时代，茶叶还几乎完全仰赖中国的输入，因此英国人对成品茶有着无与伦比的热爱与珍重。甚至，为了预防茶叶被偷，还专门制造出一种上了锁的茶柜，只有当下午茶时间到了，才开锁取茶。

5. 沏茶　通常是由女主人着正式服装亲自为客人服务，以表示对来宾的尊重，只有在不得已的情况下，才由女佣协助沏泡。

6. 享用美味的点心　正统的英式下午茶的点心用三层点心瓷盘装盛，从下至上，第一层放置咸味的各式三明治，第二层多为英式松饼，第三层则放甜点，多为蛋糕及水果塔。

吃点心的礼仪也十分讲究。茶点的食用顺序应该遵从"味道由淡到重，由咸到甜"的法则，由下往上开始吃。先尝尝带点咸味的三明治，让味蕾慢慢品出食物的真味，再啜饮几口芬芳四溢的红茶。接下来是吃松饼，用手将松饼从中间掰开而不是用刀切，

▶ 英式茶点

先把奶油、果酱抹在自己的小碟子里，再抹到松饼上，吃完一口再涂下一口，让些许的甜味在口腔中慢慢散发，最后才吃甜腻厚实的水果塔，让味蕾得到无比的享受。

7. 欣赏精致的茶器 享用英式下午茶还有一个重要环节——欣赏精致的茶具。在饮茶过程中，配着高雅的乐曲、古典的油画、舒缓的气氛，品鉴精美的茶具也是赏心乐事。英国人认为，茶具的美感绝不仅仅是外表的华丽，而在于一种高贵的协调和细腻的柔和，在于具有隆重且不媚俗的特质。

▶ 精致茶器

除了欣赏茶具，英国人在优雅的茶会上还会欣赏花园、点评画作、讨论莎翁作品或是聊起任何闲适的话题。所以，"下午茶"聚会也是体现参与者家庭教养、文化修养和礼仪涵养的最佳场合。

▶ 过滤茶水

8. 品茶 下午茶，"茶"是绝对的主角。常用的是来自中国、印度、斯里兰卡的红茶。饮用茶叶的方式有许

▶ 喝奶茶的姿势

多种，常见的是原味红茶或加奶红茶。调制奶茶时，先是在茶壶里闷泡茶叶，此时除了银质茶壶，也有人喜欢用玻璃茶壶冲泡，以便能够观赏茶叶在热水中慢慢舒展开的美态。茶叶泡好后，在茶杯上放上小滤网，将茶壶中的茶水滤进茶杯，然后可以按照个人口味加入牛奶、白糖和蜂蜜，再用茶匙轻轻在液体中心搅拌而不能叮叮当当地碰壁，搅完后优雅地从杯中拿出勺子，放在小碟子上。茶杯有个小手柄，喝奶茶时要像捏着小耳朵一样捏着小手柄，而不是把手指从手柄洞中穿过去，小指可以微微翘起以保持平衡。

"精致"的茶器、"精美"的点心、轻搅茶汤、细品美食、品评名画名作，一切都是如此高贵典雅，迷人的气息在空气中飘荡，维多利亚时代的"贵族"闲情依稀可见。

茶叶进入英国人的生活以后，英国人创造性地将源于农耕文化的中国茶文化融入了具有工业文化背景的英国元素，形成了独具本国特色的英国茶文化——既能温暖和充实英国人的胃，又能在吃的时候充分展现其优雅高贵风度的"英式下午茶"，故"英式下午茶"堪称中英文化交融的成功范例。"下午茶"文化最初源于英国贵族的"一种优雅、高贵"的生活方式，随着时代的发展，已成为一种既定的习俗，一种英国特色的社交形式，也是人们品鉴英国文化的重要标志。

▶ 茶文化交流

在千百年的漫长岁月中，茶叶承载着泱泱中华文明，跨越无尽的山海，其芬芳已散播世界诸多国家与地区，给人类带去健康与精神享受，形成了名目繁多的茶俗茶礼，但无论是以"禅"为中心、尚"侘寂"的日本茶道；以表"礼敬"为核心，尚"中正"的韩国茶礼；还是以"社交"为目的，以"高贵"为特色的英国下午茶，一脉相承的都是中国的"礼"文化，其"礼"均呈现出强大的"致和"功能。正如日本思想家冈仓天心所说："东西方彼此差异的人心，在茶碗里才真正地相知相遇。"承载"礼仪之邦"文明的中国茶走出国门、走向世界的历史，也是中华文明积极参与构建和汇通世界文明的历史。笔者曾出访美国、韩国、泰国以及与来华的日本、印度、斯里兰卡、波兰等国度的国际友人进行茶文化学术交流，都深深地感受到了各国友人对中国茶的喜爱以及中国茶文化的魅力，这些皆鲜活地证明了"茶是中国给予世界最好的礼物！"

第四节　中华茶礼新篇章

茶礼是中国传统文化中的活化石，既是文化，就有纵向传承和横向发展的属性。随着改革开放的纵深发展，在世界命运共同体的理念下，中国与世界在经济、文化领域内发生了激烈的碰撞与融合。如此，中国传统礼仪的发展既受到其他各民族礼仪文化的冲击，同时自身也处于不断变革之中。如何保护中华民族传统礼仪并去其糟粕，同时与其他各民族礼仪进行有机地融合？近三十年来，全国各地的文化企事业单位以及个人，对新时代茶礼仪的呈现与表达进行了不懈的努力和探索，创作出了灵活多样、情境各异的茶礼仪形式。

一、多样茶礼仪，开启新气象

1. 隆重的国礼　2016年9月3日，G20峰会期间，在杭州西湖国宾馆，国家主席习近平与时任美国总统奥巴马品茗论天下。

2017年11月，厦门"金砖"国际会议。国家主席习近平以茶礼赠参会嘉宾。

2018年2月1日下午，国家主席习近平在钓鱼台国宾馆款待英国首相特雷莎·梅，以中国茶礼酬对英国下午茶。

2018年4月28日，国家主席习近平与印度总理莫迪在东湖品茗，纵论博大精深的东方文化。

习主席以节俭而不失隆重的场面，精细又不显奢侈的形式，将茶的俭德精神与"和"的核心价值观诠释得淋漓尽致。

每年的全国政协新年茶话会更是简洁明快，而又隆重非凡。

2. 祭茶祖仪礼 近年来，湖南、四川、云南、福建等地先后举办祭"茶祖"的活动。

2018年立夏时节，湖南茶界在"中华寿岳"——南岳衡山，以"祭茶思祖，敬天爱人"的理念举办"祭茶"大典，其中"三献、三祭、三供茶"的仪式，庄重而诚敬。

3. 大型活动茶礼 2010年5月1日至10月31日，第41届世界博览会在中国上海市举行。本次世博会也是由中国举办的首届世界博览会。期间，南昌女子大学茶艺队在世博园中国元素馆（宝钢大舞台）举行了为期23天的茶艺表演，队员们美丽的身影、精湛的表演给千万中外游客留下了一缕回味无穷的幽香与风雅记忆……

2015年5月1日 至10月31日，第42届世界博览会上在意大利米兰举行。8月3日当地时间上午10时，以"中国故事中国茶"为主题的中国茶文化周在中国馆

▶《你来得正是时候》

开幕，中国大学生茶艺术团正式亮相米兰世博会，她们以典雅的茶艺、专业的知识、优雅的气质和靓丽的形象向世界展示中国多彩的茶文化和丰富的茶产品。

文化搭台，助力经济，当代中国茶世界呈现一派莺歌燕舞的繁荣景象。

4. 茶艺竞赛 近年来，涉及不同年龄和社会各界的茶艺竞赛如火如荼，层出不穷，如全国大学生茶艺技能大赛、全国职业院校技能大赛、全国茶艺职业技能大赛、"小茶人"比赛、"家庭茶艺"大赛等。

其中"全国大学生茶艺技能大赛"，由国家级实验教学示范中心联席会植物(动物)学科组主办，从2010年至今，已连续举办了三届。

湖南农业大学先后编创了《锦绣潇湘》《擂茶茶艺》《边城印象》《大国茶香》《你来得正是时候》等团体茶艺节目参赛，广受大学生和专家的好评，并取得了不俗的战绩。

《锦绣潇湘》围绕"芙蓉国里产新茶"展开创意，同台沏泡了古丈毛尖、石门银峰、保靖黄金茶、高桥银峰、玲珑茶、南岳云雾六款形美质优的湖南绿茶，将潇湘风光、人文与沏泡程式巧妙相融，展示了"芙蓉国"的秀美山水以及敢为人先、锐意创新的湖湘精神，荣获"首届全国大学生茶艺技能大赛团体赛一等奖"。

2017年，湖南广播电视台茶频道以"最美茶艺师，绽放中国美"为宣

▶ 《最美茶艺师》

传语，推出全国首档茶艺类电视表演大赛节目——《最美茶艺师》，总决赛以"敬世界一杯中国茶"为主题，设计了"敬健康、敬美丽、敬富足、敬幸福、敬祥和与敬未来"六个环节的比赛，选手们都以自己对中国茶的独特理解，通过不同的表现形式，绽放东方茶礼仪之美。

中国茶已由"彼屋之饮"成为公认的"21世纪的健康之饮"，以茶为礼，架起中国与世界各国的友谊桥梁，在海内外兴起了"喝中国茶，学中国礼"的热潮，开启了中华茶礼仪的新篇章。

但是，由于各位研究与实践者对茶礼仪的认识水平存在着很大差异，领会传统文化精神并加以践行缺乏一致的准则，所以在茶礼仪传播过程中给人以眼花缭乱、无所适从之感，因此，建立一个公认的茶礼仪审美标准和价值体系迫在眉睫。

二、重塑茶礼仪，谱写新篇章

当下，党和国家号召不忘传统文化，复兴中华礼仪文明。我们在茶礼仪践行中，不仅是要借鉴传统礼仪和其他各民族礼仪中与时代相符的外在形式，更需要传承茶道中内在的精神与灵魂，只有这样，才能真正保存自己的茶文化基因；而要使中

重塑茶礼仪，谱写新篇章

华茶礼仪通行于世界，无论在物质、精神还是文化等各个方面，都急迫地需要一套完整而合理的价值观体系进行统一和规范。

当前，尽管在呼吁全面复兴传统文化的大好形势下，全社会掀起了"学茶热、学礼热"，但由于新时期的茶礼仪推广刚刚起步，普及过程中尚存在诸多不完善之处。

1. 在传承上，重形式轻内容 在弘扬传统礼仪文化的过程中，出现了过于强调外在形式的"盲目复古"现象，表现在服装、器具以及言行举止、烹饮方式等全盘模仿古代，而忽视对"礼义"的理解。事实上，随着社会的发展与进步，人们的生活方式也在不断改进，礼仪的表达随之演化，

例如先秦都是跪坐，礼仪中的许多动作与此有关，但魏晋以后就慢慢转向坐式了，由此不少仪式也跟着变化。唐宋元明清的礼制相近而又不尽相同，尤其是近百年来西方文化的融入整合，使许多仪式发生了根本性变化，但不变的是"和"之精神，所以不变反而是对传统的否定，变才是真正的传承。《礼记》中多次阐述"礼，时为大"的道理，就是提醒后人不要拘泥古代的具体仪式，应该与时俱进地进行创造和改变。

当代茶礼仪要得到广泛的认可与运用，就必须在传承中国优秀传统文化精神的前提下，契合当代人的审美观，如服装、器具都要用与此理念相适应的举止来进行规范。简而言之，就是既尽量体现中国本民族的特色，与传统承接，又要与时俱进。

2.在推广上，缺乏可操作性的规范 礼仪创新不能仅停留在理论层面，更要解决实践层面的问题，就目前的社会现状而言，后者更为迫切。因为"礼"最终要体现在行为上，只有人人践行礼仪，才能移风易俗，提升社会文明程度。

近几十年来，顺应国家提倡的加强精神文明建设的时代要求，礼仪教育如火如荼，但效果并不尽如人意，其中重要原因之一，就是没有建立起具体的、切实可行的操作规范。例如"五讲四美"中的"讲礼貌"，具体要求并不明确，容易因无规可循而流于空洞，在茶礼仪发展的现阶段，也存在着类似的问题。因此，本课程第一单元提出茶礼仪以"和乐"为精神内涵，以"敬、净、静、精、雅"为特征，在后续课程中不仅对茶事活动中从准备到迎接，从烹茶到续水，从交谈到恭送等一系列过程的具体操作方法进行了详细讲解，而且还制订了"成人茶礼""婚庆茶礼""寿辰茶礼"的具体执行方案，虽然还存在诸多不足，但这依然是一次有益的尝试，让茶礼仪的推广与实践有了具体而明确的操作指南。

总而言之，实现传统礼仪文化的现代转型，包括在理念上、内容上、表达上、形式上等各层面的转型。礼仪文化的内核，即道德理性、人与人彼此尊重，是始终被传承的，而礼仪的形式，应与时俱进，有所创新。因此，在制订当代茶礼仪规范时，既要把握好中华礼仪的人文内涵，还要遵循以下基本原则。

（1）古为今用，要坚持"合理"与"批评"的原则，重"神似"轻"形似"。譬如中国传统社会提倡的"三纲五常"（"三纲"是指"君为臣纲，父为子纲，夫为妻纲"，要求为臣、为子、为妻的必须绝对服从于君、父、夫，同时也要求君、父、夫为臣、子、妻做出表率，它反映了封建社会中君臣、父子、夫妇之间的一种特殊的道德关系。"五常"是指仁、义、礼、智、信，是处理君臣、父子、夫妻、上下尊卑关系的基本法则），当今社会不可能也不允许模仿它所描述的具体情形，但是这"三纲五常"所体现出来的精神，却有值得当代人借鉴和继承之处，若是完全拘泥于具体形式上的模仿，就难免重蹈"邯郸学步"的覆辙。

（2）在创新时，要吐故纳新，以"需求"为尺度，以"敬"为旨归，以"创造性"为灵魂。以"需求"为尺度，即按照当今时代要求、现实

社会现象、当代国人思维习惯等进行创作；以"敬"为旨归，即力求与现代社会接轨、与民众需求吻合，达到为今天所用、为现实所用的目的；以"创造性"为灵魂，即不是简单依样画葫芦，而必须具有新生新造之韵、体现为新蕴涵、新样式。创新过程中，最重要的是要有鉴赏力和判断力，能对古往今来发展过程中累积的优秀文化基因、文化特点进行总结、提炼、甄别。如果我们总结、识别得不清晰，则礼仪创新可能只是流于形式。

（3）在提升时，以"中华传统文化"为根本，以"与时俱进"为追

求。对茶礼仪文化的提升超越，重在体现提高人们的幸福生活水准。同时要注意到，这些新内容要连接到传统文化，更要能融入新时代洪流中。

（4）在实践时，要"表里一致"。明礼守礼，文明人之必须。《礼记·曲礼》上说："人有礼则安，无礼则危，故曰礼者不可不学也"。所以，我们必须要明礼仪、自觉守礼、带头践行礼，做一个明礼、守礼、用礼之人，但切记不能只停留在外在形式，而是要内外兼修，否则，外在的举止也只是没有灵魂的表演。实现内在美与外在美的统一，这是践行"礼"的本质要求。

结　语

茶者，南方之嘉木也！

本书编写之际，正值我国茶道研究百家争鸣，茶艺活动百花齐放的"茶文化热"的涨潮时期，但大多研究和应用者处于盲目跟风而茫茫然的状态，既能很好地传承传统茶文化，又能有力地弘扬当代茶文化的成果屈指可数，当下茶礼的研究与实践的现状更是如此，正如朱熹在《家礼序》中所言："三代之际，礼经备矣，然其存于今者，宫庐（gōng lú，是指庐舍）器服之制，出入起居之节，皆已不宜于世。世之君子虽或酌以古今之变，更为一时之法，然亦或详、或略，无所折中，至或遗其本而务其末，缓于实而急于文。自有志好礼之士，犹或不能举其要，而困

▶ 茶礼简影

于贫窭（jù）者，尤患其终不能有以及于礼也"。其大意是：礼经传下来的制度大多已经不适应于今天。虽然很多人想改良，使它与现在的生活更接近，更实用，但大多无功而返，因为变化是永恒的，后人的传承或舍本逐末或不得要领，都不利于优秀传统文化的生存和发展。

如何有效地复兴传统文化，创造出既符合传统，又能在现实中广受欢迎的新文化？国家主席习近平2014年2月24日在中共中央政治局第十三次集体学习时指出："要讲清楚中华优秀传统文化的历史渊源、发展脉络、基本走向，讲清楚中华文化的独特创造、价值理念、鲜明特色，增强文化自信和价值观自信。……一种价值观要真正发挥作用，必须融入社会生活，让人们在实践中感知它、领悟它。要注意把我们所提倡的与人们日常生活紧密联系起来，在落细、落小、落实上下功夫。"

依照习主席的讲话精神，我们精心编写了这本适应当今社会现状的茶礼仪教育教材，志在让茶文化中的俭德价值理念，助力社会主义核心价值观培育；让茶文化中的修身养性本质，有益于健康人格的培养；让茶文化的"中和"处世观，促进和谐社会建设；让茶文化中广泛的文化资源，丰富人民群众的精神生活；让茶文化中深厚的民族情怀，凝聚中华儿女同心共筑中国梦；让茶文化中的真善美境界，助推与世界各民族共栽友谊常青树。

中国茶道·礼仪之道

主要参考文献

艾瑞丝·麦克法兰, 艾伦·麦克法兰, 2005. 绿色黄金——茶叶帝国史[M]. 台湾: 商周出版社.

陈珲, 吕国利, 2000. 中华茶文化寻踪 [M]. 北京: 中国城市出版社.

陈照年, 2001. 趣谈民族茶风情[J]. 茶叶科学技术 (1):37.

丁俊之, 2016. 英国下午茶文化——中英文化交流的成功范例. 贵州茶叶 [J].44(2):26-27.

丁文, 1997. 大唐茶文化 [M]. 北京: 东方出版社.

巩志, 2003. 中国贡茶[M]. 杭州: 浙江摄影出版社.

胡俊修, 姚伟均, 2008. "礼仪之邦": 中国礼文化与社会和谐的诉求 [J]. 学术论坛 (6):109-113.

金永淑, 2001. 韩国茶文化史[J]. 茶叶.27(3):62-63.

李薇, 2014. 日本茶道文化的渊源与流变[J]. 科技视界(26):154-155.

梁子, 1994. 中国唐宋茶道[M]. 西安: 陕西人民出版社.

刘青, 邓代玉, 2009. 中国礼仪文化[M]. 北京: 时事出版社.

刘伟华, 2014. 中国古代文人茶俗述略[J]. 农业考古(5):108-112.

刘项育, 2006. 韩国茶礼及其现代价值[J]. 饮食文化研究国际茶文化专号(2):81-85.

罗桑开珠, 2011. 论藏族饮茶习俗的形成及其特点[J]. 中央民族大学学报 (哲学社会科学版) (3):85-90.

牟海涛, 2014. "和、敬、清、寂" 日本茶道精神解析 [J]. 牡丹江教育学院学报(6):19-20.

牛素红, 2010. 成人礼对人生意义的解析[J]. 内蒙古民族大学学报(5):37-39.

潘正伟, 2008. 大理白族三道茶趣谈[J]. 茶叶通讯, 35(3):54.

彭林, 2013. 中国古代礼仪文明[M]. 上海: 中华书局.

沈冬梅，2015.茶与宋代社会生活[M].北京：中国社会科学出版社.

王旭,2017.中国传统文化对日本上茶礼仪的影响研究[J].辽宁师范大学学报（社
   会科学版）.40(2):96-100.

余悦,2008.事茶淳俗[M].上海：上海人民出版社.

余悦,2004.中华茶俗学[M].北京：世界图书出版社.

张清宏,2002.径山茶宴[J].中国茶叶,24(5):15.

钟中,2011.以"礼"为导向的和谐政治观[J],理论月刊(11):36-39.

朱海燕，王秀萍，李伟，刘仲华,2013.中国茶礼仪及其文化内涵[J].湖南农业大学学报
   （社科版）(1):2.

朱海燕、王秀萍、刘仲华,2006.湖南擂茶文化资源探究[J].中国茶叶(3):24-25.